工业和信息化部普通高等教育"十三五"

U0290556

（西门子 S7-200 系列）

PLC 控制系统 应用与维护

第 2 版

主　编　冷　波　李林鹏　姜　静
副主编　吴　辉　杨　翡　李瑞霞
参　编　王美平　隋明森　王　云
　　　　马世杰

电子工业出版社
Publishing House of Electronics Industry
北京 · BEIJING

图书在版编目（CIP）数据

PLC 控制系统应用与维护 / 冷波，李林鹏，姜静主编. —2 版.

—北京: 电子工业出版社，2016.8

ISBN 978-7-121-28261-4

Ⅰ . ①P… Ⅱ . ①冷… ②李… ③姜… Ⅲ . ①plc 技术－高等学校－教材 Ⅳ . ①TM571.6

中国版本图书馆 CIP 数据核字（2016）第 042070 号

策划编辑：郝国栋

责任编辑：马　杰

印　　刷：北京盛通数码印刷有限公司

装　　订：北京盛通数码印刷有限公司

出版发行：电子工业出版社

　　　　　北京市海淀区万寿路 173 信箱　　　　　　　　邮编　100036

开　　本：787×1092　1/16　　　　印张：15　　　　字数：354 千字

版　　次：2012 年 7 月第 1 版

　　　　　2016 年 8 月第 2 版

印　　次：2024 年 1 月第 4 次印刷

定　　价：29.80 元

凡所购买电子工业出版社图书有缺损问题，请向购买书店调换。若书店售缺，请与本社发行部联系，联系及邮购电话：（010）88254888，88258888。

质量投诉请发邮件至 zlts@phei.com.cn，盗版侵权举报请发邮件至 dbqq@phei.com.cn。

本书咨询联系方式：（0532）83712386，邮箱：majie@phei.com.cn

目　录

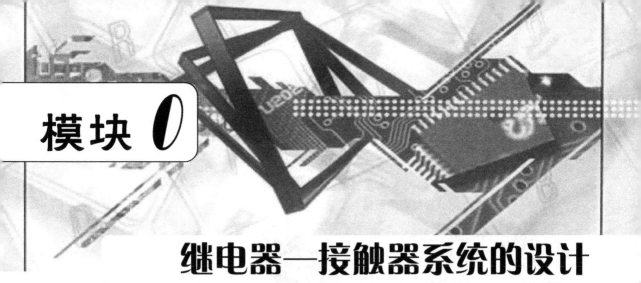

模块 0

继电器—接触器系统的设计

项目1 提升机控制系统的设计

任务1 提升机单向运行的自锁控制

一、任务目的

物料提升机如图 0.1 所示。要求按下启动按钮后，提升机开始上升；任何时刻按下停止按钮，提升机停止工作。

二、任务分析

按下启动按钮 SB1，接触器 KM1 得电，控制电动机正转，带动提升机上升；松开按钮后提升机依然上升；当按下停止按钮 SB3 后，电动机停止转动，提升机停止工作。

三、知识链接

1. 熔断器

熔断器是一种当电流超过规定值一定时间后，以它本身产生的热量使熔体熔化而分断电路的电器，广泛应用于低压配电系统及用电设备中作短路和过电流保护。图 0.2 为常用熔断器的外观。图 0.3 为熔断器图形、文字符号。

图 0.1 物料提升机外观

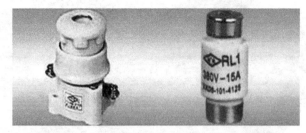

(a) 螺旋式熔断器

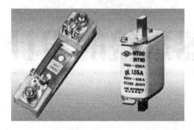

(b) 瓷插式熔断器

(c) 有填料封闭管式熔断器

图 0.2　熔断器外观

FU

图 0.3　熔断器图形、文字符号

2. 接触器

接触器是一种自动的电磁式电器，适用于远距离频繁的接通和断开交直流主电路及大容量控制电路。常用接触器分为交流接触器和直流接触器两类。

图 0.4 为交流接触器结构示意图。

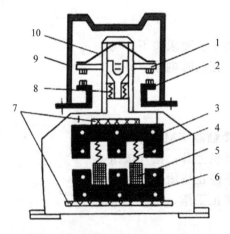

1-动触头　2-静触头　3-衔铁　4-弹簧　5-线圈
6-铁芯　7-垫毡　8-触头弹簧　9-灭弧罩　10-触头压力弹簧

图 0.4　交流接触器结构示意图

接触器由以下四部分组成。

(1) 电磁机构

电磁机构的主要作用是将电磁能转换为机械能并带动触点闭合或断开，完成通断电路的控制作用。一般由线圈、铁芯、衔铁组成，线圈的作用是将电能转化为磁能，即产生磁通，铁芯是为了增加磁通，衔铁会在电磁力的作用下产生机械位移使触点动作。

（2）触点系统

触点的作用是接通和分断电路，因此具有良好的接触性能和导电性能。接触器的触点包括主触点和辅助触点。主触点用于通断电流大的主电路，一般由三对常开触点组成。辅助触点用以通断小电流的控制电路，它有"常开""常闭"触点（"常开""常闭"是指在电磁系统未通电时的状态）。常开触点（又叫动合触点）是指线圈未通电前触点是断开的，而通电后触点闭合。常闭触点（又叫动断触点）跟常开触点动作特点相反。

（3）灭弧系统

触点分断电路时，会在分断瞬间产生电弧，电弧的高温能将触点损坏，缩短使用寿命，又延长了分断时间，因此容量在 10A 以上的接触器都有灭弧装置。

（4）其他部分

保护弹簧、传动机构、接线柱及外壳等。

当接触器线圈通电后，在铁芯中会产生磁通，由此产生电磁吸力，带动衔铁运动，衔铁通过机械传动装置使常闭触点断开，常开触点闭合。这就是接触器的工作原理。

图 0.5 为接触器的外观，图 0.6 为接触器的图形、文字符号。

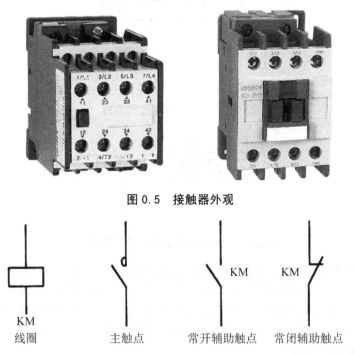

图 0.5　接触器外观

图 0.6　接触器图形、文字符号

KM
线圈　　主触点　　常开辅助触点　　常闭辅助触点

目前我国常用的交流接触器主要有：CJX1、CJX2、CJ10、CJ12、CJ20 等系列；常用的直流接触器有 CZ21、CZ22、CZ18、CZ10、CZ2 等系列。

3. 热继电器

热继电器是利用电流热效应，通过加热发热元件使双金属片弯曲，推动执行机构动作的电器。主要用来保护电动机或其它负载免于过载以及作为三相电动机的断相保护。图 0.7 为常用热继电器的外观，图0.8为热继电器工作原理图，图0.9为热继电器图形、文字符号。

图 0.7　热继电器外观

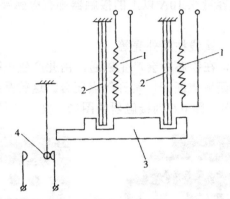

1-加热元件　2-双金属片　3-导板　4-触点系统

图 0.8　热继电器的工作原理

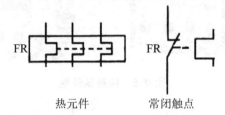

热元件　　　　　常闭触点

图 0.9　热继电器图形、文字符号

热继电器的热元件串接在电动机的定子绕组电路中，一对常闭触点串接在控制电路中，当电动机正常运行时，热元件中的电流小，热元件产生的热量虽然能使金属片弯曲，但不能使触点动作。当电动机过载时，流过热元件的电流加大，产生热量增加，使双金属片弯曲位移增大，经过一定时间后，触点动作，使常闭触点断开，切断控制电路，使主电路断电，从而使电动机得到保护。

为了防止电动机在缺相的情况下普通热继电器不能迅速动作而损坏电机，一般使用带断相保护的热继电器。

目前我国常用的热继电器有 JR0、JR15、JR16、JR20、JRS1、JRS2、JRS5、T 系列等。

4. 低压断路器

低压断路器又称为自动空气开关，可用来分配电能，不频繁的启动电动机，对电源线路及电动机等实行保护，当它们发生严重的过载、短路或者欠压等故障时能自动切断电路，其功能相当于熔断器、欠压继电器、热继电器的组合。图 0.10 为常用低压断路器外观。图 0.11 为低压断路器工作原理图，图 0.12 为低压断路器图形、文字符号。

图 0.10　低压断路器外观

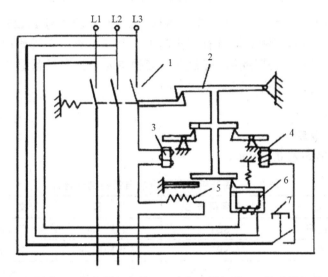

1-主触点　2-自由脱扣机构　3-过电流脱扣器　4-分励脱扣器
5-热脱扣器　6-欠电压脱扣器　7-停止按钮
图 0.11　低压断路器工作原理图

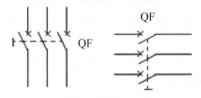

图 0.12　低压断路器图形、文字符号

常用的低压断路器主要有 DW10、DW15（万能式断路器）、DZ5、DZ10、DZ20（塑料外壳式断路器）。

5. 控制按钮

控制按钮是最常见的主令电器，其结构形式与图形、文字符号如图 0.13 所示，它有常闭触点，也有常开触点。未动作时常闭触点 4 闭合，常开触点 5 断开，当按下按钮帽时，动触点 3 下移，常闭触点 4 断开，常开触点 5 闭合。一旦松开按钮帽，在复位弹簧的作用下，动触点 3 上移，按钮触点复位。

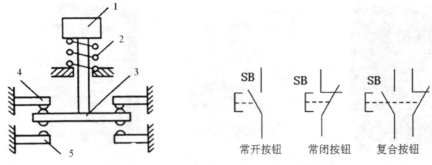

1-按钮帽　2-复位弹簧　3-动触点　4-常闭触点　5-常开触点

图 0.13　按钮的结构示意和图形、文字符号

常用的控制按钮型号有 LA2、LA18、LA19、LA20 及新型号 LA25 等系列。其中 LA2 系列有一对常开和一对常闭触点，具有结构简单、动作可靠、坚固耐用的优点。LA25 系列为积木式结构，采用插接式连接，有独立的接触单元，具有任意组合常开触点、常闭触点对数的优点，是通用型按钮的更新换代产品。

四、任务实施

1. 所需元器件清单

所需元器件清单如表 0.1 所示。

表 0.1　提升机单向运行的自锁控制元器件

名　称	文字符号	名　称	文字符号
启动按钮	SB1	热继电器	FR
停止按钮	SB3	低压断路器	QF
熔断器	FU1、FU2	交流接触器	KM1

2. 电路构成

主电路由断路器 QF、熔断器 FU1、接触器 KM1 的主触点、热继电器 FR 的热元件和电动机 M 构成；控制电路由熔断器 FU2、启动按钮 SB1、停止按钮 SB3、热继电器 FR 的常闭触点、接触器的线圈以及辅助常开触点构成，电路如图 0.14 所示。

3. 系统工作过程

启动过程：合上隔离开关 QF，按下按钮 SB1，接触器 KM1 线圈得电，KM1 的主触点闭合，电源接到电动机的定子绕组上，电动机运行，同时 KM1 的辅助常开触点闭合，即使松开 SB1，接触器 KM1 的线圈仍能继续保持通电状态，电动机得以持续运行。这种依靠接触器(继电器)本身的辅助触点使其线圈保持通电的现象称为"自锁"。起自锁作用的触点称为自锁触点。

停止过程：按下停止按钮 SB3，接触器 KM1 的线圈失电，其主触点断开，切断电源，电动机停止运转。同时其辅助常开触点也断开，此时即使松开按钮 SB3，KM1 线圈也不会得电，电动机不会自行启动。只有再次按下启动按钮 SB1，方可再次启动。

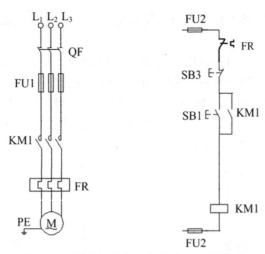

图 0.14　提升机单向运行的自锁控制电路

任务 2　提升机上下运行的控制

一、任务目的

按下上升按钮，提升机开始上升；按下下降按钮，提升机开始下降；任何时刻按下停止按钮，提升机停止工作。

二、任务分析

按下上升按钮 SB1 时，接触器 KM1 得电，控制电动机正转，带动提升机上升；按下下降按钮 SB2 时，接触器 KM2 得电，电动机反转，带动提升机下降，由于控制电路中使用了互锁控制，KM1 和 KM2 两个线圈不会同时得电，避免了短路的危险；当按下停止按钮 SB3 后，电动机停止转动，提升机停止工作。

三、任务实施

1. 所需元器件清单

所需元器件清单如表 0.2 所示。

表 0.2　提升机上下运行的控制系统元器件

名　称	文字符号	名　称	文字符号
正转按钮	SB1	热继电器	FR
反转按钮	SB2	低压断路器	QF
停止按钮	SB3	交流接触器	KM1
熔断器	FU1、FU2	交流接触器	KM2

2. 主电路的设计

由三相异步电动机原理可知，将三相电源进线中的任意两相对调，电机即可反向运行，在主电路中，采用两个接触器 KM1 和 KM2 来控制电机的正反转，当接触器 KM1 主触点闭合时，三相电源的相序按 L1、L2、L3 接入电动机，电动机正转；当接触器 KM2 主触点

闭合时,三相电源的相序按 L3、L2、L1 接入电动机,电动机反转。如图 0.15(a)所示。

3. 控制电路的设计

由主电路可知,若 KM1 和 KM2 的主触点同时闭合,将造成 L1 和 L3 短路。因此,要使电路安全可靠地工作,同一时间,KM1 和 KM2 只能有一个接触器工作,这种现象称为"互锁"。要实现这种控制要求,只需要在控制电路中,将其中一个接触器的常闭触点串入另一个接触器线圈电路中,则任一接触器线圈得电后,即使按下相反方向的按钮,另一接触器也无法得电。如图 0.15(b)所示。

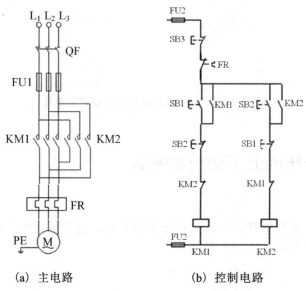

(a) 主电路　　　　(b) 控制电路

图 0.15　提升机上下运行的控制电路

4. 系统工作过程

① 正转控制:合上隔离开关 QF,按下正转按钮 SB1,接触器 KM1 线圈得电,主电路中 KM1 主触头闭合,电动机正转,同时 KM1 的辅助常开触点闭合自锁,KM1 的辅助常闭触点断开。

② 反转控制:按下反转按钮 SB2,串联在 KM1 线圈回路的 SB2 的常闭触点断开,接触器 KM1 线圈失电,KM1 的所有触点复位,主电路中 KM1 主触头断开,电动机断电,同时接触器 KM2 线圈得电,KM2 主触点闭合,电动机接入反相序电源,电动机开始反转,同时 KM2 的辅助常开触点闭合,KM2 的辅助常闭触点断开。

四、作业

1. 实现电动机的点动和自锁控制,要求如下:按下点动按钮 SB3,电动机运行;松开 SB3,电动机停止运行;按下长动按钮 SB2,电动机长运行;按下停止按钮 SB1,电动机停止运行。

2. 有两台电动机 M1 和 M2,要求 M1 先启动,然后 M2 再启动,如果 M1 不启动,M2 不能启动;停止时 M2 先停止,M1 再停止,M2 不停止,M1 不能停止。请画出主电路和控制电路,并接线实现。

3. 试设计一个两地控制的电动机正反转控制电路,要求有过载、短路保护环节。

项目 2　三相异步电动机星

—三角降压启动控制系统的设计

一、项目目的

按下启动按钮 SB1，电动机定子绕组连接成星形降压启动，6 秒后自动转为三角形运行；任何时刻按下停止按钮 SB2，电动机停止运行。

二、项目分析

按下启动按钮 SB1，主接触器 KM1 和接触器 KM2 线圈得电，其主触点闭合，电动机定子绕组接成星形；6 秒后 KM2 线圈失电，三角形接触器 KM3 线圈得电，KM1 保持，电动机进入三角形运行。由上述分析可知系统应分解为星形运行和三角形运行两个子项目。

三、知识链接

1. 时间继电器

继电器是一种电控制器件，当输入量的变化达到规定要求时，它可以使电气输出电路中使被控量发生预定的阶跃变化。它可以使控制系统（又称输入回路）和被控制系统（又称输出回路）之间发生互动，通常应用于自动化的控制电路中。它实际上是用小电流去控制大电流运作的一种"自动开关"。故在电路中起着自动调节、安全保护、转换电路等作用。

时间继电器是继电器的一种，它是在继电器接收输入信号后，经一定的延时，才有输出信号的继电器。其触点系统有两种：瞬时触点和延时触点。瞬时触点在线圈得电或失电时立刻动作；而延时触点在线圈得电或失电时，延迟一段时间才会动作。线圈得电延时的称为通电延时，而失电延时的称为断电延时。图 0.16 为空气阻尼式时间继电器的外形，图 0.17 为时间继电器的图形、文字符号。

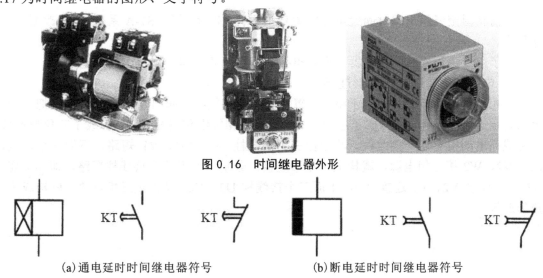

图 0.16　时间继电器外形

(a) 通电延时时间继电器符号　　　　(b) 断电延时时间继电器符号

图 0.17　时间继电器图形、文字符号

图 0.18 显示了 JS7-A 型空气阻尼式时间继电器的工作原理。当通电延时型时间继电器电磁铁线圈 1 通电后，将衔铁吸下，于是顶杆 6 与衔铁间出现一个空隙，当与顶杆相连的活塞在弹簧 7 作用下由上向下移动时，在橡皮膜上面形成空气量稀薄的空间(气室)，空气由进气孔逐渐进入气室，活塞因受到空气的阻力，不能迅速下降，在空气量降到一定位置时，杠杆 15 使触点 14 动作(常开触点闭合，常闭触点断开)。线圈断电时，弹簧使衔铁和活塞等复位，空气经橡皮膜与顶杆 6 之间推开的气隙迅速排出，触点瞬时复位。

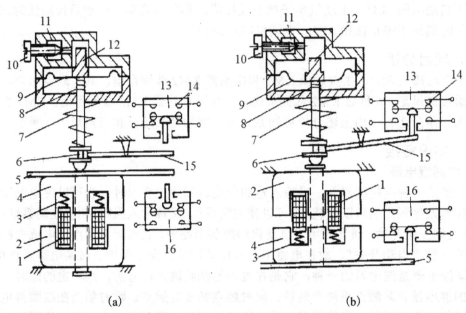

1-线圈　2-静铁心　3-弹簧　4-衔铁　5-推板　6-顶杆　7-弹簧　8-弹簧　9-橡皮膜
10-螺钉　11-进气孔　12-活塞　13-微动开关　14-延时触点　15-杠杆　16-微动开关

图 0.18　JS7-A 型空气阻尼式时间继电器的工作原理图

目前我国空气阻尼式时间继电器的型号主要有 JS7 系列和 JS7-A 系列，A 为改型产品，体积小。

除了空气阻尼式时间继电器，还有电磁式、电动式、电子式等时间继电器。

2. 电动机的星形—三角形连接

三相异步电动机有三相定子绕组，每相有两个接线柱，如图 0.19 所示。如果把三相绕组的首端连接在一起，就构成了星形连接；如果三相绕组首尾相连，就构成了三角形连接。一台成品电动机有六个接线柱，将上面三个接线柱 W1、U1、V1 短路，下面三个接线柱 U2、V2、W2 接三相电源，就构成了星形连接；分别将上下两个接线柱短路，即 W1 连接 U2、U1 连接 V2、V1 连接 W2，下面三个接线柱 U2、V2、W2 接三相电源，就构成了三角形连接。

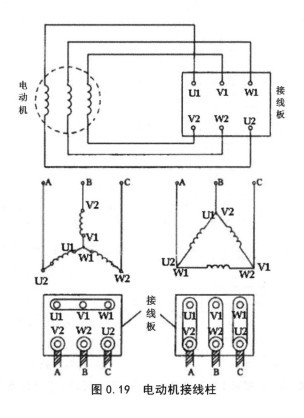

图 0.19　电动机接线柱

四、项目实施

1. 所需元器件清单

所需元器件清单如表 0.3 所示。

表 0.3　电机星形—三角形启动控制系统的元器件

名　　称	文字符号	名　　称	文字符号
停止按钮	SB1	时间继电器	KT
启动按钮	SB2	交流接触器	KM1
低压断路器	QF	交流接触器	KM2
熔断器	FU1、FU2	交流接触器	KM3
热继电器	FR		

2. 主电路设计

主电路中用三个接触器来控制电机的星形和三角形连接,当 KM2 和 KM3 闭合的时候,电动机连接成星形,当 KM1 和 KM2 闭合时,电动机连接成三角形。KM1 和 KM3 不能同时闭合,否则会出现短路故障。主电路如图 0.20(a)所示。

3. 控制电路设计

控制电路中使用时间继电器控制从星形到三角形的转换,开始启动时,KM2 和 KM3 得电,电动机连接成星形,当定时一段时间,电机的速度达到一定值后,KM3 失电,KM1 得电,电动机连接成三角形。控制电路如图 0.20(b)所示。

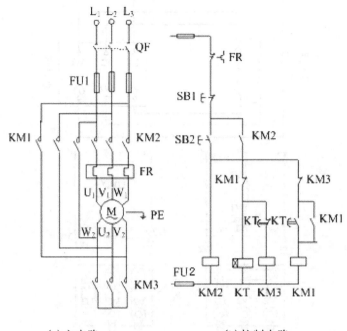

(a) 主电路　　　　　(b) 控制电路

图 0.20　三相异步电动机星形—三角形降压启动控制系统电路

4. 系统工作过程

启动时，先合上电源开关 QF，按下启动按钮 SB2，KM3、KM2、KT 线圈同时得电，KM3 及 KM2 主触点闭合，电动机接成星形，降压启动。同时 KM2 常开触点闭合自锁、KM3 常闭触点断开对 KM1 互锁。当电动机转速上升到一定值时，KT 常闭触点延时断开，KM3 线圈失电，解除星形连接；KT 常开触点延时闭合，KM1 线圈得电，其主触点闭合，常开触点闭合自锁，常闭触点断开对 KM3 互锁，电动机接成三角形全压运行。停止时按下 SB1 即可。电路中 KM1 和 KM3 的常闭触点构成互锁，保证电动机定子绕组只能接成某一种形式，即星形或三角形中的一种，以避免同时接成两种模式造成短路。

星形—三角形降压启动方式启动电流特性好，结构简单，价格低；但是启动转矩也降低了，所以转矩特性差。因此常用于轻载或空载启动的场合。

五、作业

1. 三相笼型异步电动机在什么条件下可以全压启动？设计带有短路、过载、失压保护的三相笼型异步电动机全压启动的主电路和控制电路。

2. 星形—三角形降压启动有什么特点？说明其适用场合。

项目 3　两地自动送料小车控制系统的设计

一、项目目的

如图 0.21 所示，设小车初始位置时在左边，限位开关 SQ1 为 ON。按下启动按钮 SB1 后，小车开始右行，碰到右限位开关 SQ2 到达装料点，小车停止右行，开始装料，7 秒后装料结束，小车自动向左运动，碰到左限位开关 SQ1 时，到达卸料点，小车停止左行，开始卸料，5 秒后卸料结束，小车自动右行进入下一个工作周期，不断循环直到按下停止按钮为止。

图 0.21　运料小车示意图

二、项目分析

项目要求小车能够右行和左行，所以必须让电动机能实现正反转；小车在到达起点和终点的时候要进行卸料和装料操作，所以要延时一定时间，这需要时间继电器的辅助；到达起点和终点的检测使用行程开关。

三、知识链接

1. 行程开关

行程开关也称限位开关，如图 0.22 所示，它能通过物体的位移来控制电路的通断，多用于限位保护和自动化控制。行程开关的图形、文字符号如图 0.23 所示。

(a) 直动式行程开关　　　(b) 滚轮式行程开关　　　(c) 微动开关

图 0.22　行程开关外观

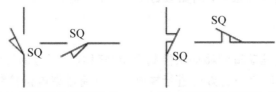

(a) 行程开关常开触点　　　(b) 行程开关常闭触点

图 0.23　行程开关图形、文字符号

行程开关在实际生产工作中，通常是被预先安装在特定的位置。生产机械的运动部件按照事先预计的行动路线运行，当部件上模块撞击行程开关时，会使行程开关的触点动作，完成电路的切换控制。

行程开关是生产生活中应用范围极为广泛的一种开关。例如，在日常生活中，冰箱内的照明灯就是通过行程开关控制的；而电梯的自动开关门及开关门速度，也是由行程开关控制的。在工业生产中，可以与其他设备配合使用，形成自动化控制系统，例如，在机床的控制方面，它可以控制工件运动和自动进刀的行程，避免碰撞事故；在起重机械的控制方面，行程开关则能起到保护终端限位的作用。

目前市场上常用的行程开关有 LX19、LX22、LX32、LX33、JLX1 以及 LXW-11、JLXK1-11、JLXW5 等系列。

2．接近开关

接近开关广泛应用于机械、矿山、造纸、烟草、塑料、化工、冶金、轻工、汽车、电力、保安、铁路、航天等各个行业，运用于限位、检测、计数、测速、液面控制、自动保护等。特别是电容式接近开关还可适用于对多种非金属，如纸张、橡胶、烟草、塑料、液体、木材及人体进行检测，应用范围极广。

接近开关的图片，如图 0.24 所示。

图 0.24　接近开关图片

接近开关图形、文字符号如图 0.25 所示。

(a) 接近开关符号　　　　(b) 接近开关常闭触点

图 0.25　接近开关图形、文字符号

接近开关不是靠挡块碰压开关发出信号，而是在移动部件上装一金属片，在移动部件需要改变工作情况的地方装接近开关的感应头，其感应面正对金属片。当移动部件的金属片移动到感应头上面(不需接触)时，接近开关就输出一个信号，使控制电路改变工作情况。

目前市场上的接近开关很多，例如 LXJO 型、LJ-1 型、LJ-2 型、LJ-3 型、CJK 型、JKDX 型、JKS 型等。

3．电磁阀

电磁阀是用电磁铁推动滑阀移动来控制介质(气体、液体)的运动方向、流量、速度等参数的工业装置。电磁阀用电磁效应进行控制，可以通过继电器控制电路及 PLC 来控制电磁阀达到预期的控制目的，控制灵活。图 0.26(a) 为方向控制电磁阀图片，(b) 为电磁阀在液压气动回路中的职能符号，(c) 为电磁阀在电气控制回路中的图形及文字符号。

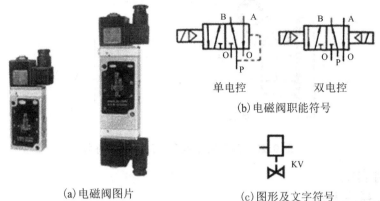

（a）电磁阀图片　　　　　　　（c）图形及文字符号

图 0.26　电磁阀

电磁阀已经广泛应用于生产的各个领域，例如我们上面提到的运料小车，它的装料和卸料就要由电磁阀来控制。随着电磁控制技术和制造工艺的提高，电磁阀能够实现更加精巧的控制，为实现不同的气动系统、液压系统发挥作用。

4. 中间继电器

中间继电器在控制电路中主要用来传递信号、扩大信号功率以及将一个输入信号变换成多个输出信号等。中间继电器的基本结构及工作原理与接触器完全相同。但是中间继电器的触点对数多，且没有主辅之分，各对触点允许通过的电流大小相同，多数为5A。

中间继电器的外观和图形、文字符号如图 0.27 所示。

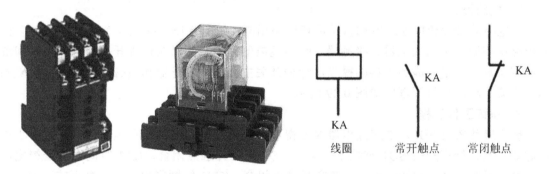

图 0.27　中间继电器

目前，国内常用的中间继电器有 JZ7、JZ8（交流）、JZ14、JZ15、JZ17（交、直流）等系列。

5. 刀开关

刀开关俗称闸刀开关，是一种结构简单、价格低廉的手动电器，主要用于接通和切断长期工作设备的电源及不经常启动和制动、容量小于 7.5kW 的异步电动机。

刀开关主要由操作手柄、触刀、静插座和底版组成，依靠手动来实现触刀插入静插座与脱离静插座的控制，按刀数可分为单极、双极和三极。

选择刀开关时，应使其额定电压等于或小于电路的额定电压，其电流等于或大于电路的额定电流。安装时，手柄要向上，不得倒装或平装，避免由于重力自由下降而引起误动和合闸。接线时，应将电源线接在上端，负载线接在下端，刀开关的结构形式及电气符号如图 0.28 所示。

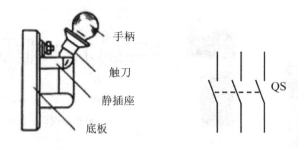

图 0.28　刀开关结构和图形、文字符号

四、项目实施

1. 所需元器件清单

所需元器件清单如表 0.4 所示。

表 0.4　两地自动送料小车控制系统的元器件

名　称	文字符号	名　称	文字符号
停止按钮	SB1	时间继电器	KT1
启动按钮	SB2	时间继电器	KT2
低压断路器	QF	交流接触器	KM1
熔断器	FU1、FU2	交流接触器	KM2
热继电器	FR	电磁阀	KV1
中间继电器	KA	电磁阀	KV2

2. 电路设计

主电路的设计和构成跟电动机正反转电路相同，如图 0.15(a) 所示，这里不再赘述。控制电路中使用了中间继电器、接触器、时间继电器、电磁阀以及行程开关的触点。时间继电器用于定时，以完成装卸料的操作，行程开关主要控制定时器和电磁阀的通断，电磁阀用于夹紧小车。电气原理图如图 0.29 所示。

3. 系统工作过程

按下启动按钮 SB2，中间继电器 KA 得电，其常开触点闭合并自锁。由于开始时小车在起始位置，行程开关 SQ1 被按下，所以 SQ1 的常开触点闭合，KT1 时间继电器得电，系统开始延时，延时时间到达后，其常开触点闭合，KM1 线圈得电，电动机正转，带动小车右行。当小车到达最右边时，压下行程开关 SQ2，其常闭触点断开，线圈 KM1 失电，电机停转，小车不动；同时 SQ2 常开触点闭合，时间继电器 KT2 以及电磁阀 KV2 得电，系统开始延时，电磁阀得电后会使小车处于夹紧状态，不能自由运行，此时小车开始装料。当延时时间结束后，装料完成，KT2 常开触点闭合，线圈 KM2 得电，电动机反转，小车左行。当到达最左边时，压下行程开关 SQ1，其常闭触点断开，线圈 KM2 失电，电机停转，小车不动；同时 SQ1 常开触点闭合，时间继电器 KT1 以及电磁阀 KV1 得电，系统开始定时，电磁阀得电后会使小车处于夹紧状态，不能自由运行，此时小车开始卸料。当延时时间结束后，卸料完成，KT1 常开触点闭合，线圈 KM1 得电，电动机正转，小车右行，如此循环，直到按下停止按钮。

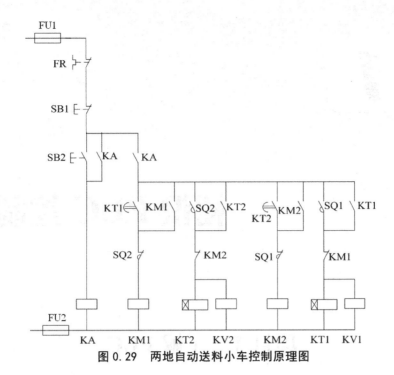

图 0.29　两地自动送料小车控制原理图

五、作业

1. 设计一小车运行的控制系统，工艺要求：

① 小车由起始端开始前进，到终端后自动停止；

② 小车在终端停留 2 分钟后自动返回起始端停止；

③ 要求在前进或后退途中的任意位置都能停止或者启动。

2. 某工作台由一台双速电机驱动，在 A、B 两地之间往复运行。初始位置停在左侧 A 点 (限位 SQ1 动作)。按下启动按钮后，工作台高速右行，当距离 B 点 10m 时 (该处设有一个接近开关 SQ4) 工作台开始低速右行，当碰到右限位开关 SQ2 时，工作台停止右行，同时以较快速度向左侧 A 点运行，距离 A 点 10m (该处也设有一个接近开关 SQ3) 时，工作台开始低速左行，碰到左限位开关时，工作台停止左行并自动右行，进入下一个工作周期，不断循环直到按下停止按钮为止。请设计控制系统。

3. 某机床主轴由 M1 拖动，油泵由 M2 拖动，均采用直接启动，工艺要求：

① 主轴必须在油泵开动后，才能启动；

② 主轴正常为正转，但为调试方便，要求能正向、反向转动；

③ 主轴停止后才允许油泵停止；

④ 有短路、过载及欠压保护。

请设计主电路及控制电路。

模块 1

初识 PLC 控制系统

项目 1　了解 PLC

一、项目目的

初步认识什么是 PLC 控制系统，了解 PLC 的分类及特点，了解 PLC 的应用领域。

二、知识链接

1. PLC 的产生与定义

(1) PLC 的产生

继电器控制系统是传统的生产机械自动控制装置，在 PLC 出现以前，继电器控制在工业控制领域占主导地位，它的优点是结构简单、价格低廉、容易操作，比较适用于工作模式固定，控制逻辑简单的工业应用场合。但是这种系统存在明显的不足：设备体积庞大，不宜搬运；设备故障率高，查找与排除故障困难；可靠性低，通用性和灵活性较差。

20 世纪 60 年代末，美国汽车制造业竞争激烈，产品更新换代的周期越来越短，导致生产线频繁变更，传统的继电器控制系统已经不能满足要求，所以 1968 年美国通用汽车公司提出用一种新型控制装置替代继电器控制，要求这种控制装置能把计算机的通用性、灵活性、功能完备等优点与继电器控制的简单、易懂、操作方便、价格便宜等特点结合起来，而且使那些不熟悉计算机的人也能方便使用。这就是著名的"GM 十条"：

① 编程简单，可在现场修改程序。

② 系统维护方便，采用插件式结构。

③ 体积小于继电器控制柜。

④ 可靠性高于继电器控制柜。

⑤ 成本较低，在市场上可以与继电器控制柜竞争。

⑥ 可将数据直接送入计算机。

⑦ 可直接用 115V 交流电输入(注：美国电网电压是 110V)。

⑧ 输出采用 115V 交流电，可以直接驱动电磁阀、交流接触器等。

⑨ 通用性强，扩展方便。

⑩ 程序可以存储，存储器容量可以扩展到 4KB。

传统的继电器控制系统和先进的自动控制系统对照如图 1.1 所示。

图 1.1　继电器控制系统和自动控制系统对照

美国数字设备公司(DEC)根据这一设想，于 1969 年研制成功了第一台可编程序控制器。由于当时主要用于顺序控制，只能进行逻辑运算，故称为可编程序逻辑控制器(Programmable Logic Controller，PLC)，简称可编程控制器。

(2) **PLC 的定义**

由于 PLC 问世后发展极为迅速，各个国家都在研究和生产 PLC，PLC 的控制功能已经不再局限于逻辑控制，为了统一起见，国际电工委员会(IEC)于 1987 年 2 月颁布了可编程控制器的标准草案第三版，对 PLC 给出了如下定义："可编程序控制器是一种数字运算操作的电子系统，专为在工业环境应用而设计。它采用可编程序的存储器，用来在其内部存储执行逻辑运算、顺序控制、定时、计数和算术运算等操作的指令，并通过数字式或模拟式的输入和输出控制各种类型的机械或生产过程。"可编程序控制器及其有关外部设备，都应按易于和工业控制系统联成一个整体，易于扩充其功能的原则来设计。"

从定义上看，PLC 是专为工业环境而设计的控制装置，所以抗干扰性和可靠性很高，这也是可编程控制器区别于一般微机控制系统的一个重要特征。

2. **PLC 的分类**

① 按产地分，可分为日系、欧美、韩台、大陆等。其中日系具有代表性的为三菱、欧姆龙、松下、光洋等；欧美系列具有代表性的为西门子、A-B、通用电气、德州仪表等；韩台系列具有代表性的为 LG、台达等；大陆系列具有代表性的为合利时、浙江中控等。

② 按点数分，可分为大型机、中型机及小型机等。大型机一般 I/O 点数>2048 点，具有代表性的为西门子 S7-400 系列、通用公司的 GE-Ⅳ系列等；中型机一般 I/O 点数为 256～2048 点，单/双 CPU，用户存储器容量 2～8K，具有代表性的为西门子 S7-300 系列、三菱 Q 系列等；小型机一般 I/O 点数<256 点，具有代表性的为西门子 S7-200 系列、三菱 FX 系列等。

③ 按结构分，可分为整体式和模块式。整体式 PLC 将电源、CPU、I/O 接口等部件都

集中装在一个机箱内，具有结构紧凑、体积小、价格低的特点；小型 PLC 一般采用这种整体式结构，如西门子的 S7-200 即为整体式 PLC，如图 1.2 所示。

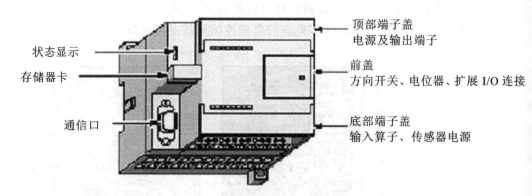

图 1.2　S7-200PLC 模块

模块式 PLC 是将 PLC 各组成部分分别制成若干个单独的模块，如 CPU 模块、I/O 模块、电源模块(有的含在 CPU 模块中)以及各种功能模块。这种模块式 PLC 的特点是配置灵活，可根据需要选配不同规模的系统，而且装配方便，便于扩展和维修。大、中型 PLC 一般采用模块式结构，如西门子的 S7-300 和 S7-400 系列，如图 1.3 所示。

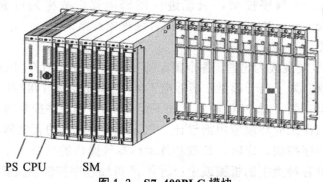

PS CPU　　SM

图 1.3　S7-400PLC 模块

④ 按功能分，可分为低档、中档、高档三类。低档 PLC 具有逻辑运算、定时、计数、移位以及自诊断、监控等基本功能；还可有少量模拟量输入/输出、算术运算、数据传送和比较、通信等功能；主要用于逻辑控制、顺序控制或少量模拟量控制的单机控制系统。中档 PLC 除具有低档 PLC 的功能外，还具有较强的模拟量输入/输出、算术运算、数据传送和比较、数制转换、远程 I/O、子程序、通信联网等功能；有些还可增设中断控制、PID 控制等功能，适用于复杂控制系统。高档 PLC 除具有中档 PLC 的功能外，还增加了带符号算术运算、矩阵运算、位逻辑运算、平方根运算及其它特殊功能函数的运算、制表及表格传送功能等，高档 PLC 机具有更强的通信联网功能，可用于大规模过程控制或构成分布式网络控制系统，实现工厂自动化。

3. PLC 的特点

(1) 可靠性高，抗干扰能力强

在硬件方面和软件方面，PLC 采取了多项抗干扰、提高可靠性的措施。

硬件方面采取的主要措施如下：

① 隔离——PLC 的输入/输出接口电路一般都采用光电耦合器来传递信号，这种光电隔离措施使外部电路与 PLC 内部之间完全避免了电的联系，有效地抑制了外部干扰源对 PLC 的影响，还可防止外部强电窜入内部 CPU。

② 滤波——在 PLC 电路电源和输入/输出(I/O)电路中设置多种滤波电路，有效抑制高频干扰信号。

③ 在 PLC 内部对 CPU 供电电源采取屏蔽、稳压、保护等措施，防止干扰信号通过供电电源进入 PLC 内部，另外各个输入/输出(I/O)接口电路的电源彼此独立，以避免电源之间互相干扰。

④ 内部设置连锁、环境检测与诊断等电路，一旦发生故障，立即报警。

⑤ 外部采用密封、防尘、抗振的外壳封装结构，以适应恶劣的工作环境。

软件方面采取的主要措施如下：

① 设置故障检测与诊断程序，每次扫描都对系统状态、用户程序、工作环境和故障进行检测与诊断，发现出错后，立即自动做出相应的处理，如报警、保护数据和封锁输出等。

② 对用户程序及动态数据进行电池后备，以保障停电后有关状态及信息不会因此丢失。

采用以上抗干扰措施后，一般 PLC 的抗电平干扰强度可达峰值 1000V，脉宽 10μs，其平均无故障时间可高达 30～50 万小时。

(2) 编程简单易学

PLC 采用与继电器控制电路图非常接近的梯形图作为编程语言，它既有继电器电路清晰直观的特点，又充分考虑电气工人和技术人员的读图习惯，对使用者来说，几乎不需要专门的计算机知识，因此易学易懂，程序也容易修改。

(3) 使用简单，调试维修方便

① PLC 的接线极其方便。

② PLC 的用户程序可在实验室模拟调试。

③ PLC 的故障率很低，即使出现故障，排除起来也非常迅速。

(4) 体积小、重量轻、功耗低

由于 PLC 采用半导体大规模集成电路，因此产品结构紧凑、体积小、重量轻、功耗低，以西门子 S7-200CN 型 PLC 为例，其外形尺寸仅为 196mm×80mm×62mm，重量只有 550g，功耗仅为 11W。所以，PLC 很容易装入机械设备内部，是实现机电一体化的理想控制设备。

4. PLC 的应用领域

当前 PLC 已经广泛应用于机械、汽车、电力、冶金、石油、化工、交通、运输、轻工业、纺织、采矿等领域，并取得了明显的经济效益，应用情况大致可归纳为如下几类。

(1) 开关量控制

开关量控制是 PLC 最基本的应用领域，可用 PLC 取代传统的继电器控制系统，实现逻辑控制和顺序控制。在单机控制、多机群控和自动生产线上的控制方面都有很多成功的应用实例，例如组合机床、磨床、包装生产线和电镀流水线等。

(2) 过程控制

目前，很多 PLC 都具有模拟量处理功能，通过模拟量 I/O 模块可对温度、压力、速度、流量等连续变化的模拟量进行控制，而且编程和使用都很方便。大、中型的 PLC 还具有 PID 闭环控制功能，运用 PID 子程序或使用专用的智能 PID 模块，可以实现对模拟量的闭环过程控制。过程控制在冶金、化工、热处理、锅炉控制等场合都有广泛应用。

(3) 运动控制

运动控制是指 PLC 对直线运动或圆周运动的控制，也称为位置控制，早期 PLC 通过开关量 I/O 模块与位置传感器和执行机构的连接来实现这一功能，现在一般都使用专用的运动控制模块来完成。运动控制主要应用于机床、机器人和电梯等场合。

(4) 数据处理

现代 PLC 都具有不同程度的数据处理功能，能够完成数学运算(函数运算、矩阵运算、逻辑运算)，数据的移位、比较、传递操作，数值的转换和查表等操作，对数据进行采集、分析和处理。数据处理通常用在大、中型控制系统中，如柔性制造系统、机器人的控制系统等。

(5) 通信联网

通信联网是指 PLC 与 PLC 之间、PLC 与上位计算机或其他智能设备间的通信，利用 PLC 和计算机的 RS-232 或 RS-485 接口、PLC 的专用通信模块，用双绞线、同轴电缆或光缆将它们联成网络，可实现相互间的信息交换，构成"集中管理、分散控制"的多级分布式控制系统，建立工厂的自动化网络。

项目 2　PLC 控制与继电器控制系统的比较

一、项目目的
① 知道从传统的电气控制到 PLC 控制的转换。
② 知道 PLC 硬件的构成、各部分的功能。
③ 知道 PLC 的软件构成。
④ 知道 PLC 的编程语言、各种编程语言的特点。
⑤ 了解 PLC 的工作原理，知道 PLC 的扫描工作模式。

二、知识链接
下面先通过一个具体的例子说明继电器控制和 PLC 控制之间的异同。

1. 继电器控制三相异步电动机的单向运转电路

(1) 控制要求

按下启动按钮，电动机正转；按下停止按钮，电动机停止转动。

(2) 电路构成

主电路由断路器 QF、熔断器 FU1、接触器 KM1 的主触点、热继电器 FR 的热元件和电动机 M 构成；控制电路由熔断器 FU2、启动按钮 SB1、停止按钮 SB2、热继电器 FR 的常闭触点、接触器的线圈以及辅助常开触点构成，电路如图 1.4 所示。

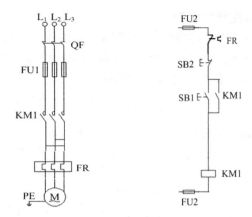

图 1.4　继电器控制三相异步电动机的单向运转电路

(3) 系统工作过程

启动过程：合上隔离开关 QF，按下按钮 SB1，接触器 KM1 线圈得电，KM1 的主触点闭合，电源接到电动机的定子绕组上，电动机运行，同时 KM1 的辅助常开触点闭合，即使松开 SB1，接触器 KM1 的线圈仍能继续保持通电状态，电动机得以持续运行。这种依靠接触器(继电器)本身的辅助触点使其线圈保持通电的现象称为"自锁"。起自锁作用的触点称为自锁触点。

停止过程：按下停止按钮 SB2，接触器 KM1 的线圈失电，其主触点断开，切断电动机的电源，电动机停止运转。同时其辅助常开触点也断开，此时即使松开按钮 SB2，KM1 线圈也不会得电，电动机不会自行启动。只有再次按下启动按钮 SB1，方可再次启动。

2. PLC 控制三相异步电动机的单向运转电路

PLC 控制系统的电路如图 1.5 所示，工作过程如下。

启动过程：合上隔离开关 QF，按下按钮 SB1，PLC 运行内部程序使接触器 KM1 线圈得电，KM1 的主触点闭合，电动机正向运行。

停止过程：按下停止按钮 SB2，PLC 运行内部程序使接触器 KM1 的线圈失电，其主触点断开，切断电动机的电源，电动机停止运转。

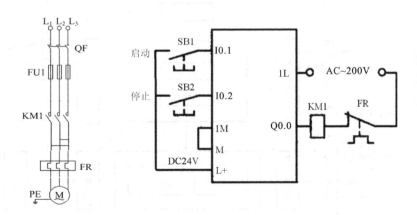

图 1.5　**PLC 控制三相异步电动机的单向运转电路**

3. PLC 控制和继电器控制的比较

① 图 1.5 中的可编程序控制器控制系统与图 1.4 中的继电器控制电路的功能相同。

② 电路构成：主电路相同，PLC 取代的是继电器控制电路，控制系统信号的采集和驱动输出部分仍然由电气元器件承担，如图 1.6 所示。

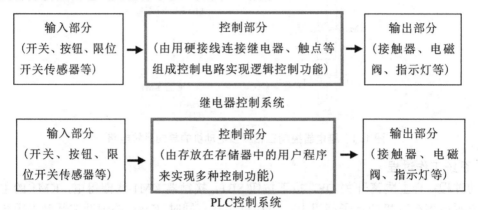

图 1.6 继电器控制与 PLC 控制对照示意图

从传统的继电器控制到 PLC 控制，是从接线逻辑到存储逻辑的转换，PLC 控制的主要优点如下：

① PLC 控制系统结构紧凑。

② PLC 内部大部分采用"软"逻辑。

③ 改变 PLC 控制功能极其方便。

④ PLC 控制系统制造周期短。

4. PLC 的硬件资源

一般小型 PLC 的硬件系统简化框图如图 1.7 所示。

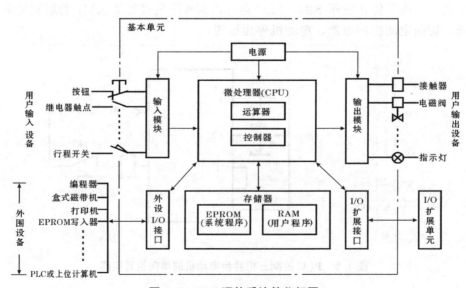

图 1.7 PLC 硬件系统简化框图

PLC 是一种以微处理器为核心的工业控制计算机，PLC 的基本单元主要由微处理器（CPU）、存储器、输入/输出(I/O)模块、电源模块、外部设备 I/O 接口、I/O 扩展接口以及编程器等组成。

(1) 微处理器(CPU)

CPU 是整个 PLC 控制的核心，它指挥、协调整个 PLC 的工作，主要由控制器、运算器、寄存器等组成，其中控制器控制 CPU 的工作，由它读取指令、解释指令及执行指令；运算器用于进行数字或逻辑运算，在控制器指挥下工作；寄存器参与运算并存储运算的中间结果，它也在控制器指挥下工作。

PLC 中常用的 CPU 有通用微处理器(如 Z80、8086)、单片机(如 8031、8051)和位片式微处理器(如 AMD2901、AMD2903)。

(2) 存储器

存储器是 PLC 记忆或暂存数据的部件，一般由存储体、地址译码电路、读写控制电路和数据寄存器组成，用来存放系统程序、用户程序、逻辑变量及其它一些信息。PLC 的存储器分为系统程序存储器和用户程序存储器。

系统程序存储器用来存放系统程序。系统程序由 PLC 生产厂家编写并固化在 ROM 内，它使 PLC 具有基本的智能，能够完成 PLC 设计者规定的各种工作。用户程序存储器存放用户编制的控制程序。常用的存储器类型有：CMOS RAM、ROM、PROM、EPROM、EEPROM。

(3) 输入/输出(I/O)模块

I/O 模块是 CPU 与现场用户输入、输出设备之间联系的桥梁。为了提高 PLC 的抗干扰能力，一般的 I/O 模块都有光电隔离装置，防止现场的强电干扰进入 PLC 内部。

① 输入模块：

用来接收和采集外部设备各类输入信号(如按钮、各种开关、继电器触点等送来的开关量；或电位器、测速发电机、传感器等送来的模拟量)，并将其转换成 CPU 能接受和处理的数据。开关量输入模块按可接收的外信号电源类型不同，分为直流输入电路和交流输入电路。输入电路中设有 RC 滤波电路，以防止由于输入触点抖动或外部干扰脉冲而引起错误的输入信号。

图 1.8 是某直流输入模块的内部电路和外部接线图。

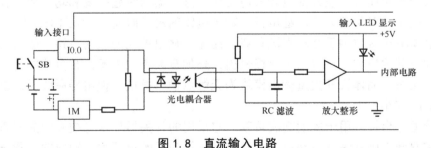

图 1.8　直流输入电路

图 1.8 中只画出了一路输入电路，1M 是同一输入组内各输入信号的公共点。S7-200 可以用 CPU 模块输出的 24V 直流电源作为输入回路的电源，它还可以为接近开关、光电开关之类的传感器提供 24V 直流电源。

当图 1.8 中的外接触点接通时，光耦合器中两个反并联的发光二极管亮，光敏三极管

饱和导通；外接触点断开时，光耦合器中的发光二极管熄灭，光敏三极管截止。信号经内部电路传送给 CPU 模块。显然，可以改变图中输入回路的电源极性。

图 1.9 所示的交流输入方式适合于在有油雾、粉尘的恶劣环境下使用，输入电压有 110V、220V 两种。

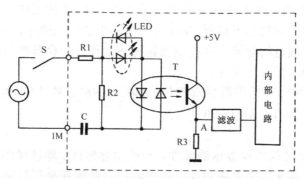

图 1.9　交流输入电路

② 输出模块：

用来将 CPU 输出的控制信息转换成外部设备所需要的控制信号去驱动控制元件(如接触器、指示灯、电磁阀、调节阀、调速装置等)。输出模块本身不带电源，在考虑外驱动电源时，需要考虑输出接口的类型。常见的 PLC 输出接口分为三种，如图 1.10 所示。

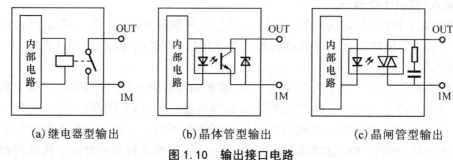

(a)继电器型输出　　　　　(b)晶体管型输出　　　　　(c)晶闸管型输出

图 1.10　输出接口电路

继电器型输出接口可以驱动交流负载，也可以驱动直流负载。内部电路使继电器的线圈通电，常开触点闭合，使外部负载得电工作。继电器同时起隔离和功率放大作用，每一路只给用户提供一对常开触点。继电器型输出电路的滞后时间一般在 10ms 左右。

晶体管型输出接口用于驱动直流负载。晶体管输出单元的驱动电路一般采用晶体管进行驱动放大，其输出方式一般为集电极输出，外加直流负载电源，带负载能力，每个输出点一般 1A 左右。晶体管开关量输出模块为无触点输出模块，使用寿命较长。晶体管输出电路的滞后时间小于 1ms。

晶闸管型输出接口用于驱动交流负载。它采用的开关器件是光控双向晶闸管，驱动电路采用光控双向晶闸管进行驱动放大。双向晶闸管为无触点开关，输出的负载电源可以根据负载的需要选用直流或交流电源。双向晶闸管型接口电路的负载驱动能力比继电器型的大，可直接驱动小功率接触器，响应时间介于晶体管型与继电器型之间。

(4) 电源模块

电源是整机的能源供给中心。PLC 系统的电源分内部电源和外部电源。

① 内部电源：PLC 内部配有开关式稳压电源模块，用来将 220V 交流电转换成 PLC 内部各模块所需的直流稳压电。小型 PLC 的内部电源往往和 CPU 单元合为一体，大中型 PLC 都有专用的电源模块。

② 外部电源：又叫用户电源，用于传送现场信号或驱动现场负载，通常由用户另备。

(5) 外部设备 I/O 接口

PLC 的外部设备还有 EPROM 写入器(用于将用户程序写入到 EPROM 中)、打印机、外存储器(磁带或磁盘)等。外部设备 I/O 接口的作用就是将这些外设与 CPU 相连。某些 PLC 可以通过通信接口与其它 PLC 或上位计算机连接，以实现网络通信功能。

(6) I/O 扩展接口

当用户的输入、输出设备所需的 I/O 点数超过了主机(基本单元)的 I/O 点数时，就需要用 I/O 扩展单元加以扩展。I/O 扩展接口用于扩展单元与基本单元之间的连接，它使得 I/O 点数的配置更为灵活。

5. S7-200 系列 PLC 介绍

德国的西门子公司是欧洲最大的电子和电气设备制造商，生产的 SIMATIC 可编程序控制器在欧洲处于领先地位。最新的 SIMATIC 产品为 SIMATIC S7、M7 和 C7 等几大系列。SIMATIC S7 系列产品分为通用逻辑模块(LOGO!)、微型 PLC(S7-200 系列)、中小型 PLC(S7-300 系列)和大中型 PLC(S7-400 系列)四个产品系列。从 CPU 模块的功能来看，SIMATIC S7-200 系列微型 PLC 发展至今大致经历了两代。第一代产品(21 版)，其 CPU 模块为 CPU 21X，主机都可进行扩展；第二代产品(22 版)，其 CPU 模块为 CPU 22X，是在 21 世纪初投放市场的，速度快，具有较强的通信能力。

S7-200 系列 PLC 的硬件主要包括 CPU 和扩展模块。扩展模块包括模拟量 I/O 扩展模块、数字量 I/O 扩展模块、温度测量扩展模块、特殊功能模块(如定位模块)和通信模块等。外部结构如图 1.11 所示。它是一种整体式 PLC，将输入/输出模块、CPU 模块、电源模块均装在一个机壳内，当系统需要扩展时，可选用需要的扩展模块与基本单元(主机)连接。

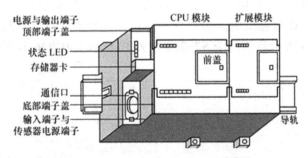

图 1.11　S7-200 系列 PLC 外部结构

(1) CPU 模块

S7-200 系列的中央处理器是 16 位的，S7-200 PLC 提供多种 CPU 规格：CPU 21X 和 CPU 22X 两代产品。CPU 22X 的型号有 CPU221、CPU222、CPU224、CPU226。

CPU 的工作方式：CPU 的前面板即存储卡插槽的上部，有 3 盏指示灯显示当前工作方式。绿色指示灯亮，表示为 RUN 运行状态；红色指示灯亮，表示为 STOP 停止状态；标有 SF 的指示灯亮时表示系统故障，PLC 停止工作。

(2) 存储系统

S7-200 系列 PLC 的 CPU 模块内部配备了一定容量的 RAM（Random Access Memory）和 EEPROM（Electrically Erasable Programmable Read-Only Memory），两种类型的存储器构成了 PLC 的存储系统，如图 1.12 所示。主机 CPU 模块内部配备的 EEPROM，上装程序时，可自动装入并永久保存用户程序、数据和 CPU 的组态数据，用户可以用程序将存储在 RAM 中的数据备份到 EEPROM 存储器中，主机 CPU 提供一个超级电容器，可使 RAM 中的程序和数据在断电后保持几天。CPU 提供一个可选的电池卡，可在断电后超级电容器中的电量完全耗尽时，继续

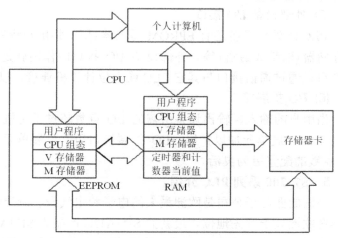

图 1.12 PLC 的存储系统

为内部 RAM 存储器供电，以延长数据所存的时间，可选的存储器卡可使用户像使用计算机磁盘一样方便地备份和装载程序和数据。

(3) 输入/输出端子

输入/输出模块电路是 PLC 与被控设备间传递输入/输出信号的接口部件。各输入/输出点的通/断状态用 LED 显示，外部接线就接在 PLC 输入/输出接线端子上。S7-200 系列 CPU 22X 主机的输入和输出都有 DC/DC/DC 和 AC/DC/RLY 两种类型，它们表示的含义为：CPU 电源类型/输入端口电源类型/输出端口器件。

DC/DC/DC：CPU 直流供电，直流数字量输入，数字量输出点是晶体管直流电路。

AC/DC/RLY：CPU 交流供电，直流数字量输入，数字量输出点是继电器触点。

图 1.13 和图 1.14 所示是西门子 S7-200 系列 PLC 以 CPU226 为例的 I/O 电路结构。

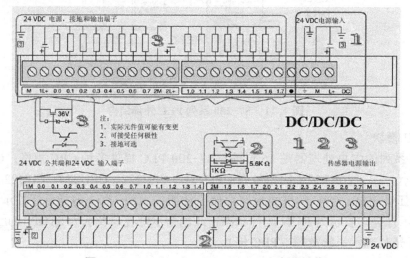

图 1.13 CPU226（DC/DC/DC）I/O 电路结构

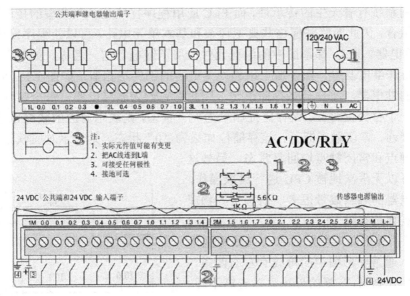

图 1.14　CPU226（AC/DC/RLY）I/O 电路结构

① CPU226（DC/DC/DC）I/O 电路结构：

输入端子共有 24 个输入点（I0.0～I0.7、I1.0～I1.7、I2.0～I2.7），可接外部输入设备，输入回路为直流双向光电耦合输入电路。

输出端子共有 16 个输出点（Q0.0～Q0.7、Q1.0～Q1.7），可连接输出设备。输出电路为场效应晶体管输出电路，PLC 由 24V 直流电源供电。输出端分成两组，每一组有 1 个公共端，共有 1L、2L 两个公共端，可接入不同电压等级的负载电源。

② CPU226（AC/DC/RLY）I/O 电路结构：

输入端子共有 24 个输入点（I0.0～I0.7、I1.0～I1.7、I2.0～I2.7），输入回路为直流双向光电耦合输入电路。

输出端子共有 16 个输出点（Q0.0～Q0.7、Q1.0～Q1.7），输出电路为继电器输出电路，PLC 由 120/240V 交流电源供电。输出端分成 3 组，每一组有 1 个公共端，共有 1L、2L、3L 三个公共端，可接入不同电压等级的负载电源。

(4) 电源模块

外部提供给 PLC 的电源，有 24VDC、220VAC 两种，根据型号不同有所变化。S7-200 的 CPU 单元有一个内部电源模块，S7-200 小型 PLC 的电源模块与 CPU 封装在一起，通过连接总线，为 CPU 模块、扩展模块提供 5V 的直流电源，如果容量许可，还可提供给外部 24V 直流的电源，供本机输入点和扩展模块继电器线圈使用。

上面介绍了 PLC 的硬件资源，下面介绍 PLC 的软件资源。

6. PLC 的编程语言

IEC（国际电工委员会）于 1994 年公布了 PLC 标准（IEC1131），PLC 有 5 种编程语言表达方式：顺序功能图、梯形图、功能块图、指令表和结构文本。其中梯形图、指令表和顺序功能图最为常用。

(1) 梯形图**(LAD)**

梯形图是用得最多的图形编程语言，被称为 PLC 的第一编程语言。由于梯形图与继电

器接触器控制系统有着天生的传承性，而 PLC 应用程序往往是一些典型的控制环节和基本单元电路的组合，因此熟练掌握这些典型环节和基本单元电路，可以使程序设计变得简单。

① 软继电器。PLC 梯形图中的编程元件沿用了继电器这一名称，如输入继电器、输出继电器、特殊继电器等，在外形上跟物理继电器的部件也相似，如图 1.15 所示，但是它们不是真实的继电器，而是一些存储单元，因此称它们为软继电器，每个软继电器与 PLC 存储器中的一个存储位对应。该存储位如果为"1"状态，则表示对应的软继电器线圈通电，其常开触点接通，常闭触点断开；该存储位如果为"0"状态，则表示对应软继电器的线圈断电，常开触点和常闭触点均回复常态。另外这些软继电器可以无限次地被 CPU 进行读取操作，所以这些继电器的触点数量很多，而真实的物理继电器的触点数量有限。

② 母线。梯形图两侧的垂直公共线称为母线(bus bar)。通常梯形图中的母线有左右两条，左侧的母线必须画出，右侧的母线可以省略不画。

③ 能流。梯形图与继电器控制图一样，都有左右两条母线，但是含义不一样，继电器控制图中的母线与电源相连，有真实电流流过；而梯形图中母线不接电源，它只表示一个梯级的开始和终结，没有实际电流流过。通常所说的 PLC 中

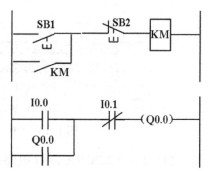

图 1.15　梯形图与继电器控制图比较

继电器线圈通电，是为了分析问题方便而假设的概念电流通路。这种概念电流称为"能流"，能流只能从左往右流，这是 PLC 梯形图与继电器控制图的本质区别。

④ 逻辑解算。梯形图中逻辑解算按从左往右、从上往下的顺序进行，解算的结果可以马上被后面的逻辑解算所利用。逻辑解算的根据是输入映像寄存器的值，而不是解算瞬时外部输入触点的状态。

值得注意的是，不同的 PLC 生产厂商对梯形图的编程约定有差异，需要查阅相关的使用手册进行学习。

(2) 指令表(STL)

指令表 STL 类似于计算机的汇编语言，用指令助记符编写程序。它是一种面向具体机器的语言，可被 PLC 直接执行，是 PLC 最基础的编程语言。对于同样功能的指令，不同厂家的 PLC 使用的助记符一般不同。如串联一个常开触点这个功能，西门子 S7-200 的助记符指令是"A I0.1"，欧姆龙 CPM 系列 PLC 的助记符指令是"AND 00001"。

指令表适合于经验丰富的程序员使用，可以实现某些用梯形图或功能图无法实现的程序功能，是 PLC 的各种语言中执行速度最快的编程语言。指令表编程语言不如梯形图形象直观，另外在使用简易编程器输入用户程序时，必须把梯形图转换成指令表才能输入。

(3) 顺序功能图(SFC)

顺序功能图按照顺序控制的思想，根据工艺过程，将程序的执行分成若干个程序步，详细介绍见模块 3 的相关叙述。

7. PLC 的数据类型

S7-200 系列 PLC 的数据类型有：逻辑型、整型和实型(或浮点型)。实数采用 32 位单精度来表示。表 1.1 列出了不同的数据类型所表示的数值范围。

表 1.1　数据类型及数值范围

基本数据类型	无符号整数		基本数据类型	有符号整数	
	十进制	十六进制		十进制	十六进制
字节 B(8 位)	0～255	0～FF	字节 B(8 位)	-128～127	80～7F
字 W(16 位)	0～65535	0～FFFF	整形(16 位)	-32 768～32767	8000～7FFF
双字 D(32 位)	0～ 4 294 967 295	0～ FFFFFFFF	双整形 (32 位)	-2 147 483 648～ 2 147 483 647	80 000 000～ 7FFFFFFF
布尔型(1 位)	0 或 1				
实数(32 位)	$-10^{38}\sim10^{38}$				

在许多 S7-200 指令中经常会使用到常数。常数值可为字节、字和双字。CPU 以二进制方式存储所有常数，也可用十进制、十六进制、ASCII 码或浮点数形式来表示，表 1.2 列出了常数的各种表示方式。

表 1.2　几种常见常数

进制	使用格式	示例
十进制	十进制数值	20 047
十六进制	十六进制值	16#4E4F
二进制	二进制值	2#100 1110 0100 1111
ASCII 码	'ASCII 码文本'	'How are you'
实数或浮点格式	ANSI/IEEE 754-1985	+1.175495E-38（正数） -1.175495E-38（负数）

8. 编程元件介绍

(1) 输入映像寄存器(I)

输入映像寄存器用于存放 CPU 在输入扫描阶段采集到的输入端子的信号状态，工程上经常把输入映像寄存器称为输入继电器，它由输入接线端子接入的控制信号驱动，当控制信号接通时，输入继电器得电，对应的输入映像寄存器的位为"1"态；当控制信号断开时，输入继电器失电，对应的输入映像寄存器的位为"0"态。

输入接线端子的驱动器件可以按常开和常闭两种方法接入，对应的梯形图程序不同。

(2) 输出映像寄存器(Q)

输出映像寄存器(Q)又称为输出继电器，是用来将 PLC 内部信号输出传送给外部负载（用户输出设备）的窗口，它是所有编程元件中唯一可以驱动外部负载工作的软元件。输出继电器线圈由 PLC 内部程序的指令驱动，其线圈状态传送给输出单元，再由输出单元对应的硬触点来驱动外部负载。

每个输出继电器在输出单元中都对应唯一一个常开硬触点，但在程序中供编程的输出继电器，不管是常开还是常闭触点，都是软触点，所以可以使用无数次。

(3) 变量存储器(V)

在程序执行的过程中存放中间结果，或用来保存与工序或任务有关的其它数据。

(4) 局部存储器(L)

S7-200 有 64 个字节的局部存储器，其中 60 个可以作为暂时存储器，或给子程序传递

参数。如果用梯形图编程，编程软件保留这些局部存储器的后 4 个字节。如果用语句表编程，可以使用所有的 64 个字节，但是建议不要使用最后 4 个字节。

各 POU（Program Organizational Unit，程序组织单元，即主程序、子程序和中断程序）有自己的局部变量表，局部变量在它被创建的 POU 中有效。变量存储器（V）是全局存储器，可以被所有的 POU 存取。

S7-200 给主程序和中断程序各分配 64 字节局部存储器，给每一级子程序嵌套分配 64 字节局部存储器，各程序不能访问别的程序的局部存储器。

因为局部变量使用临时的存储区，子程序每次被调用时，应保证它使用的局部变量被初始化。

(5) 位存储器(M)

内部存储器标志位（M0.0～M31.7）用来保存控制继电器的中间操作状态或其他控制信息。虽然名为"位存储器区"，表示按位存取，但是也可以按字节、字或双字来存取。

(6) 顺控继电器(S)

状态元件，以实现顺序控制和步进控制。

顺控继电器存储区用于组织机器操作或规定进入等效程序段的步骤。与位存储器不同的是顺控继电器位一般用于程序分支结构的控制运行。

(7) 定时器(T)

定时器相当于继电器系统中的时间继电器。S7-200 有三种定时器，它们的时基增量分别为 1ms、10ms 和 100ms，定时器的当前值寄存器是 16 位有符号整数，用于存储定时器累计的时基增量值（1～32767）。

(8) 计数器(C)

计数器用来累计其计数输入端脉冲电平由低到高的次数，CPU 提供加计数器、减计数器和加减计数器。计数器的当前值为 16 位有符号整数，用来存放累计的脉冲数（1～32767）。

当计数器的当前值大于等于设定值时，计数器位被置为 1。用计数器地址（C 和计数器号，如 C20）来存取当前值和计数器位，带位操作数的指令存取计数器位，带字操作数的指令存取当前值。

(9) 高速计数器(HC)

高速计数器用来累计比 CPU 的扫描速率更快的事件，其当前值和设定值为 32 位有符号整数，当前值为只读数据。高速计数器的地址由区域标示符 HC 和高速计数器号组成，如 HC2。

(10) 累加器(AC)

累加器是可以像存储器那样使用的读/写单元，例如可以用它向子程序传递参数，或从子程序返回参数，以及用来存放计算的中间值。CPU 提供了 4 个 32 位累加器（AC0～AC3），可以按字节、字和双字来存取累加器中的数据。

(11) 特殊存储器(SM)

特殊存储器用来在 CPU 与用户之间交换信息，例如 SM0.0 一直为"1"状态，SM0.1 仅在执行用户程序的第一个扫描周期为"1"状态。SM0.4 和 SM0.5 分别提供周期为 1min 和 1s 的时钟脉冲。SM1.0、SM1.1 和 SM1.2 分别是零标志、溢出标志和负数标志。

(12) 模拟量输入(AI)

S7-200 将现实世界连续变化的模拟量（如温度、压力、电流、电压等）用 A/D 转换器转换为 1 个字长(16 位)的数字量,用区域标识符 AI、数据长度(W)和字节的起始地址来表示模拟量输入的地址。

(13) 模拟量输出(AQ)

S7-200 将 1 个字长的数字用 D/A 转换器转换为现实世界的模拟量,用区域标识符 AQ、数据长度(W)和字节的起始地址来表示存储模拟量输出的地址。

9. 编程元件编址方式

S7-200 将编程元件统一归为存储器单元,存储单元按字节进行编址,无论寻址的是何种数据类型,通常应指出它在所在存储区域和在区域内的字节地址。每个单元都有唯一的地址,地址由名称和编号两部分组成。

位编址:形式为"区域标识符+字节地址+.位地址",如 I3.2,其中的区域标识符"I"表示输入寄存器,字节地址为 3,位地址为 2(如图 1.16 所示)。这种存取方式称为"字节.位"寻址方式,用来存取 CPU 存储器中的 1 位。

字节编址:形式为"区域标识符+字节长度(B)+字节号",如 VB100(B 是 Byte 的缩写)由 V100.0~V100.7 这 8 位组成,见图 1.17 的上图。

字编址:形式为"区域标识符+字长度(W)+起始字节号"。相邻的两个字节组成一个字,如 VW100 表示由 VB100 和 VB101 组成的 1 个字,VW100 中的 V 为区域标识符,W 表示字(Word),100 为起始字节的地址,见图 1.17 的中图。

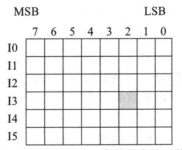

图 1.16　存取 CPU 存储器中的 1 位

双字编址:形式为"区域标识符+双字长度(D)+起始字节号"。如 VD100 表示由 VB100~VB103 组成的双字(见图 1.17 的下图),V 为区域标识符,D 表示存取双字(Double Word),100 为起始字节的地址。

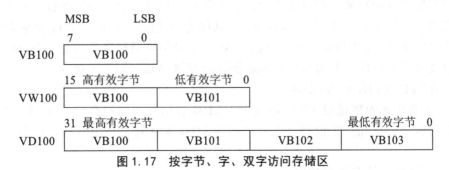

图 1.17　按字节、字、双字访问存储区

10. 编程元件寻址方式

在 S7-200 系列 PLC 中，CPU 存储器的寻址方式分为立即寻址、直接寻址和间接寻址三种不同的形式。

(1) 立即寻址方式

在一条指令中，如果操作码后面的操作数就是操作码所需要的具体数据，这种指令的寻址方式就叫立即寻址。如：

      MOVB IN, OUT

上述指令中的操作码是 MOVB，该指令的功能是把 IN 中数据传送到 OUT 中，其中 IN 为源操作数，OUT 为目标操作数。如下述指令

      MOVB 12, QB0

的功能是将十进制数 12 传送到 QB0 中，这里 12 为源操作数。因这个操作数的数值已经在指令中了，不用再去寻找，这个操作数即为立即数，这种寻找方式就是立即寻址方式。而目标操作数的数字在指令中并未给出，只给出了要传送到的地址 QB0，这个操作数的寻址方式就是直接寻址。

(2) 直接寻址方式

在一条指令中，如果操作码后面的操作数是以操作数所在地址的形式出现的，这种指令的寻址方式就叫直接寻址。如下述指令

      MOVW VW110, VW200

的功能是将 VW110 中的单字数据传给 VW200。

(3) 间接寻址方式

间接寻址是指数据存放在寄存器或存储器中，在指令中只出现数据所在单元的内存地址。存储单元的地址又称地址指针。这种间接寻址方式与计算机的间接寻址方式相同。间接寻址在处理连续的内存地址中的数据时非常方便，可以缩短程序的代码长度，使编程更加灵活。

可以用地址指针进行间接寻址的存储器有：输入继电器(I)、输出继电器(Q)、通用辅助继电器(M)、变量存储器(V)、顺序控制继电器(S)、定时器(T)和计数器(C)。其中对 T 和 C 的当前值可以进行间接寻址，而对独立的位值和模拟量不能进行间接寻址。

使用间接寻址方式存取数据方法与 C 语言中的应用相似，其过程如下。

① 建立地址指针

使用间接寻址读写某个存储单元时，首先要建立地址指针。地址指针为双字长，存放所要访问的存储器单元的 32 位物理地址。可以作为地址指针存储区的有：变量存储器(V)、局部变量存储器(L)和累加器(AC1、AC2、AC3)。必须使用双字节传送指令(MOVD)将所要访问存储单元的地址装入用来作为地址指针的存储单元。如下述指令

      MOVD &VB100, VD204

表示将 VB100 单元的地址给 VD204。这里 VB100 表示要访问的存储单元，&为地址符号，&VB100 表示 VB100 的 32 位物理地址；而 VB100 本身只是一个编号，并不是它的物理地址。

② 使用地址指针来读取数据

在操作数前面加*号表示该操作数为一个指针。

间接寻址具体存取过程如图 1.18 所示，AC1 为指针，用来存放 VB202 单元的地址。

通过指针 AC1 将存于 VB202 和 VB203 中的数据传送到 AC0 中去，而不是直接将 VB202 和 VB203 中的内容送到 AC0 中。

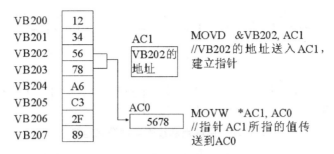

图 1.18　创建和使用指针间接寻址

11. PLC 的逻辑运算

PLC 用触点和线圈实现逻辑运算。

(1) 触点与线圈

在 LAD(梯形图)程序中，通常使用类似继电器控制电路中的触点符号及线圈符号来表示 PLC 的位元件，被扫描的操作数(用绝对地址或符号地址表示)则标注在触点符号的上方，如图 1.19 所示。

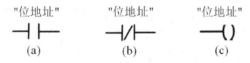

图 1.19　常开触点、常闭触点和线圈

① 常开触点：

如图 1.19(a)所示。对于常开触点(动合触点)，则对 1 扫描相应操作数。在 PLC 中规定，若操作数是 1 则常开触点"动作"，即认为是"闭合"的；若操作数是 0，则常开触点"复位"，即触点仍处于打开的状态。

常开触点所使用的操作数是：I、Q、M、L、D、T、C。

② 常闭触点

如图 1.19(b)所示。对于常闭触点(动断触点)，则对 0 扫描相应操作数。在 PLC 中规定，若操作数是 1 则常闭触点"动作"，即触点"断开"；若操作数是 0，则常闭触点"复位"，即触点仍保持闭合。

常闭触点所使用的操作数是：I、Q、M、L、D、T、C。

③ 输出线圈

如图 1.19(c)所示。输出线圈与继电器控制电路中的线圈一样，如果有电流(信号流)流过线圈(RLO=1)，则被驱动的操作数置 1；如果没有电流流过线圈(RLO=0)，则被驱动的操作数复位(置 0)。输出线圈只能出现在梯形图逻辑串的最右边。

输出线圈等同于 STL 程序中的赋值指令(用符号"＝"表示)，所使用的操作数可以是：Q、M、L、D。

(2) 用触点和线圈实现逻辑运算

用类似继电器接触器电气控制电路的 PLC 编程软件梯形图可以实现"与""或""非"逻辑运算(见图 1.20)。

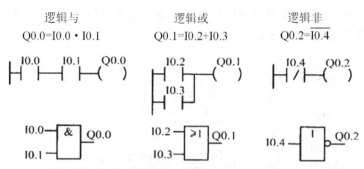

图1.20　用触点和线圈实现逻辑运算

在梯形图中，线圈的状态是输出量或被控量，触点的状态是输入量。线圈通电时，其常开触点接通，常闭触点断开；线圈断电时，其常开触点断开，常闭触点闭合。

"与""或""非"逻辑运算的输入/输出关系如表1.3所示。

表1.3　逻辑运算关系表

与			或			非	
Q0.0=I0.0·I0.1			Q0.1=I0.2+I0.3			Q0.2=$\overline{I0.4}$	
I0.0	I0.1	Q0.0	I0.2	I0.3	Q0.1	I0.4	Q0.2
0	0	0	0	0	0	0	1
0	1	0	0	1	1	1	0
1	0	0	1	0	1		
1	1	1	1	1	1		

12. PLC的工作方式

(1) 工作方式

可编程序控制器有两种工作方式，即RUN(运行)方式与STOP(停止)方式。

在RUN方式，通过执行反映控制要求的用户程序来实现控制功能。在CPU模块的面板上用"RUN"LED显示当前的工作方式。

在STOP方式，CPU不执行用户程序，这时可用编程软件创建和编辑用户程序，设置可编程序控制器的硬件功能，并将用户程序和硬件设置信息下载到可编程序控制器。

如果有致命错误，在消除它之前不允许从停止方式进入运行方式。可编程序控制器操作系统储存非致命错误供用户检查，但不会从运行方式自动进入停止方式。

(2) 改变CPU工作方式的方法

① 用PLC上的方式开关手动切换，方式开关有3个挡位。

② 用STEP 7-Micro/Win32编程软件，应首先把主机的方式开关置于TERM或RUN位置，然后在此软件平台用鼠标单击STOP和RUN方式按钮。

③ 在用户程序中用指令由RUN方式转换到STOP方式，前提是程序逻辑允许中断程序的执行。

13. PLC的工作原理

(1) PLC的工作方式

PLC虽然具有计算机的许多特点，但是其工作方式却与计算机不同。计算机采用中断方式，PLC则采用循环扫描的工作方式。可编程序控制器通电后，需要对硬件和软件做一些初始化的工作。为了使可编程序控制器的输出及时响应各种输入信号，初始化后 PLC 反复不停地分阶段处理各种不同的任务，这种周而复始的循环工作方式称为扫描工作方式。

整个工作过程包含五个阶段：读取输入、执行用户程序、处理通信请求、自诊断、写输出，如图 1.21 所示。

图 1.21　PLC 的工作过程

① 读取输入：在可编程序控制器的存储器中，设置了一个区域存放输入信号和输出信号的状态，它们分别称为输入映像寄存器和输出映像寄存器。CPU 以字节（8 位）为单位来读写输入/输出（I/O）映像寄存器。

在读取输入阶段，可编程序控制器把所有外部数字量输入电路的 ON/OFF（1/0）状态读入输入映像寄存器。外接的输入电路闭合时，对应的输入映像寄存器为 1 状态，梯形图中对应输入点的常开触点接通，常闭触点断开。外接的输入电路断开时，对应的输入映像寄存器为 0 状态，梯形图中对应输入点的常开触点断开，常闭触点接通。

② 执行用户程序：可编程序控制器的用户程序由若干条指令组成，指令在存储器中按顺序排列。在 RUN 工作方式的程序执行阶段，如果没有跳转指令，CPU 从第一条指令开始，逐条顺序地执行用户程序，直至遇到结束（END）指令。遇到结束指令时，CPU 检查系统的智能模块是否需要服务。

在执行指令时，从 I/O 映像寄存器或别的位元件的映像寄存器读出其 1/0 状态，并根据指令的要求执行相应的逻辑运算，运算的结果写入相应的映像寄存器。因此，各映像寄存器（只读的输入映像寄存器除外）的内容随着程序的执行而变化。

在程序执行阶段，即使外部输入信号的状态发生了变化，输入映像寄存器的状态也不会立即随之而变，输入信号变化了的状态只能在下一个扫描周期的读取输入阶段被读入。执行程序时，对输入/输出的存取通常是通过映像寄存器，而不是实际的 1/0 点，这样做有以下好处：

※ 程序执行阶段的输入值是固定的，程序执行完后再用输出映像寄存器的值更新输出点，使系统的运行稳定。

※ 用户程序读写 I/O 映像寄存器比读写 1/0 点快得多，这样可以提高程序的执行速度。

※ 1/0 点必须按位来存取，而映像寄存器可按位、字节、字或双字来存取，灵活性好。

③ 处理通信请求：在智能模块通信处理阶段，CPU 模块检查智能模块是否需要服务，如果需要，就读取智能模块的信息并存放在缓冲区中，供下一扫描周期使用。在通信信息处理阶段，CPU 处理通信口接收到的信息，在适当的时候将信息传送给通信请求方。

④ CPU 自诊断测试：自诊断测试包括定期检查 EEPROM、用户程序存储器、I/O 模块状态及 I/O 扩展总线的一致性，将监控定时器复位及完成一些别的内部工作。

⑤ 写输出：CPU 执行完用户程序后，将输出映像寄存器的 1/0 状态传送到输出模块并锁存起来。若梯形图中某一输出位的线圈"通电"，则对应的输出映像寄存器为 1 状态。信号经输出模块隔离和功率放大后，继电器型输出模块中对应的硬件继电器的线圈通电，其常开触点闭合，使外部负载通电工作。若梯形图中输出点的线圈"断电"，则对应的输出映像寄存器中存放的二进制数为 0，将它送到继电器型输出模块，对应的硬件继电器的线圈

断电，其常开触点断开，外部负载断电，停止工作。

当 CPU 的工作方式从 RUN 变为 STOP 时，数字量输出被置为系统块中的输出表定义的状态，或保持当时的状态。默认的设置是将数字量输出清零，模拟量输出保持最后写的值。

(2) 用户程序的循环扫描过程

可编程序控制器对用户程序进行循环扫描分为三个阶段进行，即输入采样阶段、程序执行阶段和输出刷新阶段，如图 1.22 所示。

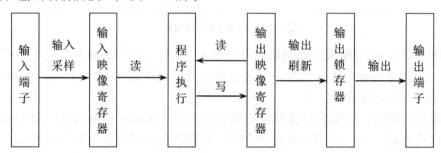

图 1.22　PLC I/O 处理示意图

下面用一个简单的例子来进一步说明可编程序控制器的扫描工作过程。

图 1.23 是 PLC 控制三相异步电动机单向运行的等效工作电路图。梯形图中的 I0.0 与 I0.1 是输入变量，Q0.0 是输出变量，它们都是梯形图中的编程元件。I0.0 与接在输入端子 0.0 的 SB1 的常开触点和输入映像寄存器 I0.0 相对应，I0.1 与接在输入端子 0.1 的 SB2 的常开触点和输入映像寄存器 I0.1 相对应，Q0.0 与接在输出端子 0.0 的可编程序控制器内的输出电路和输出映像寄存器 Q0.0 相对应。

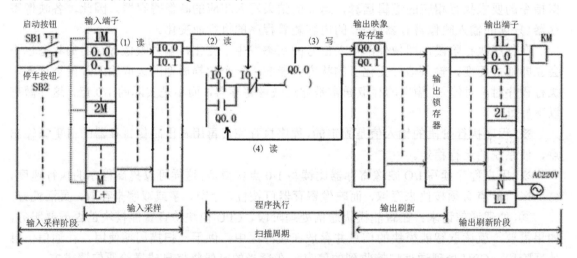

图 1.23　PLC 控制三相异步电动机单向运行的等效工作电路图

PLC 对 I/O 的处理规则如下：

※ 输入映像寄存器的状态取决于各输入端子在上一个刷新期间的状态。

※ 程序执行阶段所需的输入、输出状态，由输入映像寄存器和输出映像寄存器读出。

※ 输出映像寄存器的内容由程序中输出指令的执行结果决定。

※ 输出锁存器中的内容由上一次输出刷新时输出映像寄存器的状态决定。

※ 各输出端子的通断状态由输出锁存器的内容来决定。

(3) 可编程控制器的扫描滞后问题

① 扫描周期：PLC 完成读取输入、执行用户程序、处理通信请求、自诊断、写输出这五个阶段的时间称为一个扫描周期。扫描周期的典型值为 1～10ms。

扫描周期 T（不考虑与编程器或计算机等通信的时间）的计算式为：

$$T = 自诊断时间 + (输入点数 \times 读入 1 点的时间) + (运算速度 \times 程序步数)$$
$$+ (输出点数 \times 输出 1 点的时间)$$

② I/O 响应时间：从 PLC 的某一输入信号变化开始到系统有关输出端信号改变所需的时间。

为了增强 PLC 的抗干扰能力，提高其可靠性，PLC 的每个开关量输入端都采用光电隔离和 RC 滤波电路等技术；另外，PLC 采用了不同于一般微型计算机的运行方式，即循环扫描的工作方式。由于这两个主要原因，使得 PLC 的 I/O 响应比一般微型计算机构成的工业控制系统慢得多，其响应时间至少等于一个扫描周期，最大时间为 2～3 个扫描周期。PLC 的这种滞后响应，对一般的工业控制系统来说无关紧要，但对于要求 I/O 响应速度快的实时控制场合，则需要在软硬件上采取一些措施，比如采用快速响应模块、高速计数模块以及中断处理等。

14. STEP7-Micro/WIN 编程软件简介

STEP7-Micro/WIN 编程软件是基于 Windows 系统的应用软件，它是西门子公司专门为 S7-200 系列 PLC 设计开发的软件，是 S7-200 系列 PLC 必不可少的开发工具。这里主要介绍 STEP7-Micro/WIN 4.0 版本的使用。

(1) 软件安装

将 STEP7-Micro/WIN 4.0 的安装光盘插入 PC 机的 CD-ROM 中，安装向导程序将自动启动并引导用户完成整个安装过程。用户还可以在安装目录中双击 setup.exe 图标，进入安装向导，按照安装向导完成软件的安装。步骤如下：

① 选择安装程序界面的语言，系统默认使用英语。

② 按照安装向导提示，接受 License 条款，单击 Next 按钮继续。

③ 为 STEP7-Micro/WIN 4.0 选择安装目录文件夹，单击 Next 按钮继续。

④ 在 STEP7-Micro/WIN 4.0 安装过程中，必须为 STEP7-Micro/WIN 4.0 配置波特率和站地址，波特率必须与网络上的其它设备的波特率一致，而且站地址必须唯一。

⑤ STEP7-Micro/WIN 4.0 安装完成后，重新启动 PC 机，单击 Finish 按钮完成软件的安装。

初次运行 STEP7-Micro/WIN 4.0 时出现的界面为英文界面，如果想使用中文界面，必须进行设置。执行 Tools→Options 菜单命令，在弹出的 Options 选项对话框中，选择 General（常规），对话框右半部分会显示 Language 选项，选择 Chinese，单击 OK 按钮保存设置后退出，重新启动 STEP7-Micro/WIN 4.0 后，即可得到中文操作界面。

(2) 在线连接

顺利完成硬件连接和软件安装后，就可以建立 PC 机与 S7-200 CPU 的在线连接了，步骤如下：

① 在 STEP7-Micro/WIN 4.0 主操作界面下，单击操作栏中的"通信"图标或执行"查看"→"组件"→"通信"菜单命令，则会出现一个通信建立结果对话框，显示是否连接了 CPU 主机。

② 双击"双击刷新"图标，STEP7-Micro/WIN 4.0 将检查连接的所有 S7-200 CPU 站，并为每个站建立一个 CPU 图标。

③ 双击要进行通信的站，在通信建立对话框中可以显示所选站的通信参数。此时，可以建立与 S7-200 CPU 的在线联系，如进行主机组态(所谓组态是指使用应用软件中提供的工具和方法，像"搭积木"一样完成某一任务，从而得到自己需要的软件功能的过程，在这个过程中基本不需要编写程序)、上传和下载用户程序等操作。

(3) 编程软件基本功能

① 在离线(脱机)方式下可以实现对程序的编辑、编译、调试和系统组态。

② 在线方式下可通过联机通信的方式上传和下载用户程序及组态数据，编辑和修改用户程序。

③ 支持 STL、LAD、FBD 三种编程语言，并且可以在三者之间任意切换。

④ 在编辑过程中具有简单的语法检查功能，能够在程序错误行处加上红色曲线进行标注。

⑤ 具有文档管理和密码保护等功能。

⑥ 提供软件工具，能帮助用户调试和监控程序。

⑦ 提供设计复杂程序的向导功能，如指令向导功能、PID 自整定界面、配方向导等。

⑧ 支持 TD 200 和 TD 200C 文本显示界面(TD 200 向导)。

(4) 窗口组件及功能

STEP7-Micro/WIN 4.0 编程软件采用标准的 Windows 系统应用程序界面，外观如图 1.24 所示。主界面一般分为以下几个区域：菜单栏(包含 8 个主菜单项)、工具栏(快捷按钮)、导引条(快捷操作窗口)、指令树(快捷操作窗口)、输出窗口和用户窗口(可同时或分别打开图中的 5 个用户窗口：交叉索引、数据块、状态图表、符号表、编程器)。

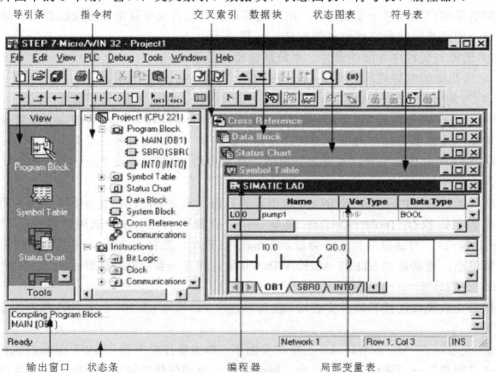

图 1.24　STEP7-Micro/WIN 编程软件的主界面

15. STEP7-Micro/WIN 4.0 主要编程功能

STEP7-Micro/WIN 4.0 编程软件具有编程和程序调试等多种功能，下面通过一个简单的示例，介绍编程软件的基本使用方法。示例结果如图 1.25 所示。

(1) 编程准备

① 创建一个项目或打开一个已有的项目。

在编程之前，首先应创建一个项目。执行"文件"→"新建"菜单命令或单击工具栏的"新建"按钮，可以生成一个新的项目。执行"文件"→"打开"菜单命令或单击工具栏的"打开"按钮，可以打开已有的项目。项目以扩展名为.mwp 的文件格式保存。

② 设置与读取 PLC 型号。

在对 PLC 编程之前，应正确设置其型号，以防止发生编辑错误，设置和读取 PLC 的型号有两种方法。

方法一：执行"PLC"→"类型"菜单命令，在弹出的对话框中，可以选择 PLC 型号和 CPU 版本，如图 1.26 所示。

方法二：双击指令树的"项目 1"，然后双击 PLC 型号和 CPU 版本选项，在弹出的对话框中进行设置。如果已经成功地建立通信连接，则可单击对话框中的"读取 PLC"按钮，通过通信读出 PLC 的信号与硬件版本号。

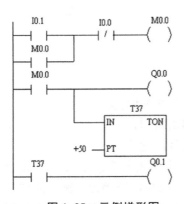

图 1.25　示例梯形图

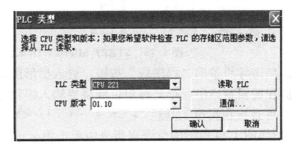

图 1.26　设置 PLC 的型号

③ 选择编程语言和指令集。

S7-200 系列 PLC 支持的指令集有 SIMATIC 和 IEC1131-3 两种。执行"工具"→"选项"→"常规"→"SIMATIC"菜单命令可以选择 SIMATIC 编程模式。

编程软件可在 3 种编程语言(编程器)之间任意切换，打开"查看"菜单，单击"梯形图"或 STL 或 FBD 选项，便可进入相应的编程环境。

④ 确定程序结构。

简单的控制程序一般只有主程序，而系统较大、功能复杂的程序除了主程序外，还可能有子程序、中断程序。编程时可以单击如图 1.27 所示的编辑窗口下方的标签来实现切换，以完成不同程序结构的编辑。

◀ ▶ \主程序 / SBR_0 ✗ INT_0 /

图 1.27　用户程序结构选择编辑窗口下方的标签

主程序在每个扫描周期内均被顺序执行一次。子程序的指令放在独立的程序块中，仅在被程序调用时才执行。中断程序的指令也放在独立的程序块中，用来处理预先规定的中断事件，在中断事件发生时调用相应的中断程序。

(2) 梯形图的编辑

在梯形图的编辑窗口中，梯形图程序被划分为若干个网络，且一个网络中只能有一个独立的电路块。如果一个网络中有两个独立的电路块，编译时输出窗口将显示"1个错误"，待错误修正后方可继续。也可以对网络中的程序或者某个编程元件进行编辑，执行删除、复制或粘贴操作。操作过程如下：

① 启动 STEP7—Micro/WIN 4.0 编程软件，进入主界面，如图 1.28 所示。

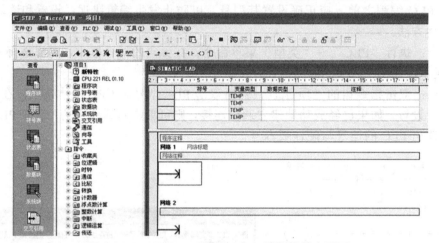

图 1.28　STEP7-Micro/WIN 4.0 编程软件主界面

② 单击导引条的"程序块"按钮，进入梯形图编辑窗口。

③ 在编辑窗口中，把光标定位到将要输入编程元件的地方。

④ 可直接在指令工具栏 ⤵ ⤴ ← → ┤├ ⟨⟩ ⟨⟩ 中单击常开触点按钮选取触点。或在弹出的如图 1.29 所示的位逻辑指令中单击图标选项，选择常开触点。输入的常开触点符号会自动写入到光标所在位置，如图 1.30 所示。也可以在指令树中双击位逻辑选项，然后双击常开触点进行输入。

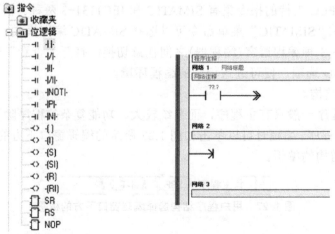

图 1.29　选择常开触点　　　　　图 1.30　输入常开触点

⑤ 在"？？.？"中输入操作数 I0.1，如图 1.31 所示，然后光标自动移到下一列。

⑥ 用同样的方法在光标位置输入并填写对应地址 I0.0 和 M0.0，编辑结果如图 1.32 所示。

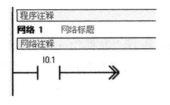

图 1.31　输入操作数 I0.0

图 1.32　I0.0 和 M0.0 的编辑结果

⑦ 将光标定位到 I0.1 下方，按照输入 I0.1 的办法输入 M0.0，结果如图 1.33 所示。

⑧ 将光标移到要合并的触点处，单击指令工具栏中的向上连线按钮，将 M0.0 和 I0.1 并联连接，结果如图 1.34 所示。

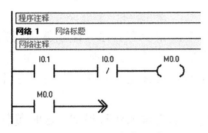
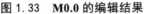

图 1.33　M0.0 的编辑结果

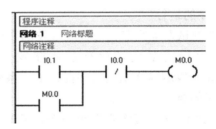

图 1.34　M0.0 和 I0.1 并联连接

⑨ 将光标定位到网络 2，按照 I0.1 的输入方法编写 M0.0 和 Q0.0，将光标移到要 M0.0 的触点处，单击指令工具栏中的向下连线按钮。

⑩ 将光标定位到定时器输入位置，双击指令树的"定时器"选项，然后在展开的选项中双击接通延时定时器图标（如图 1.35 所示），这时在光标位置即可输入接通延时定时器。

在定时器指令上面的????处输入定时器编号 T37，在左侧????处输入定时器的预置值 50，编辑结果如图 1.36 所示。

图 1.35　选择定时器

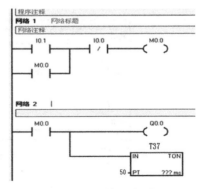

图 1.36　输入定时器

经过上述操作过程，示例的梯形图程序就编辑完成了。

(3) 程序的编译与运行

① 编译程序：

执行"PLC"→"编译"或"PLC"→"全部编译"菜单命令，可以分别编译当前打

开的程序或全部程序。编译后在输出窗口中显示程序的编译结果，必须修正程序中的所有错误，编译无错误后，才能下载程序。若对程序没有编译，在下载之前编程软件会自动对程序进行编译。

② 下载与上载程序：

下载是将当前编程器中的程序写入 PLC 的存储器，执行"文件"→"下载"菜单命令可以完成下载操作。上载是将 PLC 中未加密的程序向上传送到编程器中，执行"文件"→"上载"菜单命令可以完成上载操作。

③ PLC 的工作方式：

PLC 有两种工作方式，即运行和停止。不同的工作方式下，对 PLC 进行调试操作的方法不同。可以通过执行"PLC"→"运行"或"PLC"→"停止"菜单命令来选择工作方式，也可以使用 PLC 面板上的工作方式开关操作来选择。PLC 只有在运行工作方式下才能启动程序的状态监视。

④ 程序的运行：

程序的调试及运行监控是程序开发的重要环节，很少有程序一编制就达到完善，只有经过调试运行甚至现场运行后才能发现程序中不合理的地方，从而进行修改。STEP7-Micro/WIN 4.0 编程软件提供了一系列工具，可使用户直接在软件环境下调试并监视用户程序的执行。

执行"PLC"→"运行"菜单命令，在对话框中确定进入运行模式，这时黄色 STOP（停止）状态指示灯灭，绿色 RUN（运行）灯点亮。程序运行后的状态参见图 1.37。

(4) 程序的调试

调试程序时，常采用程序状态监控、状态表监控等方式反映程序的运行状态。

方式一：程序状态监控。

执行"调试"→"开始程序状态监控"菜单命令，进入程序状态监控。启动程序监控后，当 I0.1 触点断开时，程序的监控状态如图 1.37 所示。在监控状态下，"能流"通过的单元元件将显示蓝色，通过改变输入状态，可以模拟程序的实际运行，从而判断程序是否正确。

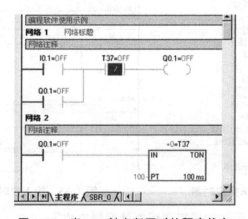

图 1.37　当 I0.1 触点断开时的程序状态

方式二：状态表监控。

可以使用状态表监控用户程序，还可以采用强制表操作修改用户程序的变量。编程软件使用示例的状态表监控如图 1.38 所示，在"当前值"列中显示了各元件的状态和数值大小。

	地址	格式	当前值
1	I0.1	位	2#0
2	Q0.1	位	2#1
3	T37	位	2#0
4	T37	有符号	+51

图 1.38　状态表监控

打开状态表监控有下列三种方法：

① 执行"查看"→"组件"→"状态表"菜单命令。

② 单击浏览栏的"状态表"按钮。

③ 单击装订线，选择程序段，右击，在弹出的快捷菜单中单击"创建状态图"命令，能快速生成一个包含所选程序段内各元件的状态表。

三、项目拓展

请思考并回答下述问题。

① PLC 有哪些主要特点？

② 与继电器控制系统相比，PLC 有哪些优点？

③ PLC 有哪些主要性能指标？

④ PLC 采用什么工作方式？PLC 的工作过程包括哪几个阶段？

⑤ 位（Bit）：指二进制数的一位，仅有 1、0 两种取值。一个位对应 PLC 的一个继电器。如果该位为 1，则表示梯形图中对应的编程元件的线圈"通电"，其常开触点_____，常闭触点_____ 。如果该位为 0，则表示梯形图中对应的编程元件的线圈"断电"，其常开触点_____，常闭触点_____。

⑥ 直接寻址：I3.2、VB100、VW100、VD100 的含义是什么？

模块 2

PLC 基本控制系统的设计

项目1 三相异步电动机点动、自锁控制系统设计

一、项目目的

① 电机点动控制：按下启动按钮 SB2，电机启动，旋转；松开按钮 SB2，电机停止。

② 电机自锁控制：按下启动按钮 SB2，电机启动，松开按钮 SB2，电机继续旋转；按下停止按钮 SB1，电机停止。

③ 具有过载保护和短路保护功能。

二、项目分析

以电机自锁控制为例，按下启动按钮 SB2，接触器 KM 线圈得电并自锁，其主触点闭合，使三相电机启动运行；按下停止按钮 SB1，KM 线圈断电，主触点断开，电机停止运行。要完成 PLC 控制系统的设计，包括硬件和软件两部分，硬件即 PLC 控制系统的控制电路，软件即 PLC 的控制程序。

三、知识链接

位操作指令是 PLC 常用的基本指令，运算结果用二进制数字 1 和 0 表示，可以对布尔（BOOL）操作数的信号状态扫描并完成逻辑操作。

1. 逻辑取和逻辑输出指令

逻辑取和逻辑输出指令如表 2.1 所示。

表 2.1　逻辑取和逻辑输出指令

指令名称	LAD	STL	功　能	操作数 bit 可寻址的寄存器
取	⊢⊢	LD bit	装载常开触点状态	I、Q、M、SM、T、C、V、S、L

指令名称	LAD	STL	功　能	操作数 bit 可寻址的寄存器
取反	─┤ / ├─	LDN bit	装载常闭触点状态	I、Q、M、SM、T、C、V、S、L
输出	─( )	= bit	驱动线圈输出	Q、M、SM、V、S、L

【说明】

① 取指令的功能是将逻辑运算功能块的常开触点与母线连接，指令格式为：

　　LD 操作数

② 取反指令的功能是将逻辑运算功能块的常闭触点与母线连接，指令格式为：

　　LDN 操作数

③ 输出指令又叫线圈驱动指令，该指令的功能是将逻辑运算的结果写入输出映像寄存器，从而决定下一扫描周期输出端子的状态，也可以将结果写入内部存储器中，以备后面的程序使用。指令格式为：

　　= 操作数

2. 逻辑与和逻辑或指令

逻辑与和逻辑或指令如表 2.2 所示。

表 2.2 逻辑与和逻辑或指令

指令名称	LAD	STL	功　能	操作数 bit 可寻址的寄存器
与	─┤ ├─	A bit	用于单个常开触点的串联连接	I、Q、M、SM、T、C、V、S、L
与反	─┤ / ├─	AN bit	用于单个常闭触点的串联连接	I、Q、M、SM、T、C、V、S、L
或	┗┤ ┣┛	O bit	用于单个常开触点的并联连接	I、Q、M、SM、T、C、V、S、L
或反	┗┤ / ┣┛	ON bit	用于单个常闭触点的并联连接	I、Q、M、SM、T、C、V、S、L

【说明】

① 与指令又称为常开触点串联指令，指令格式为：

　　A 操作数

② 与反指令又称为常闭触点串联指令，指令格式为：

　　AN 操作数

③ 或指令又称为常开触点并联指令，指令格式为：

　　O 操作数

④ 或反指令又称为常闭触点并联指令，指令格式为：

　　ON 操作数

⑤ A、AN 是单个触点串联连接指令，可连续使用。

3. 置位和复位指令

置位和复位指令如表 2.3 所示。

表2.3　置位和复位指令

指令名称	LAD	STL	功　　能	操作数 bit 可寻址的寄存器
置位指令	bit —(S) N	S bit, N	从 bit 开始的 N 个元件置 1 并保持	I、Q、M、SM、T、C、V、S、L
复位指令	bit —(R) N	R bit, N	从 bit 开始的 N 个元件置 0 并保持	

【说明】

① 对位元件来说，一旦被置位，就保持在接通状态，除非对它复位；而一旦被复位，就保持在断电状态，除非再对它置位。

② bit 指定操作的起始位地址，寻址寄存器 I、Q、M、SM、T、C、V、S、L 的位值。

③ N 指定操作位数，范围是 0～255，寻址方式：立即数寻址或寄存器寻址。

④ 当对同一位地址进行操作的复位、置位指令同时满足执行条件时，写在后面的指令被有效执行。

⑤ R 指令也可以对定时器和计数器的当前值清零。

四、项目实施

1. 选择输入、输出设备并分配地址

电机为三相异步电动机，因此应选用交流接触器控制电机，选用启动按钮和停止按钮各一个，选用热继电器实现电机的过载保护，选用熔断器实现短路保护。

选择输入、输出设备的原则：一个发出控制信号的元件就是一个输入设备，一个执行元件就是一个输出设备。根据此原则选择 PLC 自锁控制系统的输入、输出设备。输入设备：启动按钮 SB2、停止按钮 SB1、热继电器 FR(过载保护)；输出设备：交流接触器 KM。

PLC 自锁控制系统的 I/O 分配表如表 2.4 所示。

表2.4　PLC 自锁控制系统的 I/O 分配表

输入信息			输出信息		
名　　称	文字符号	输入地址	名　　称	文字符号	输出地址
启动按钮	SB2	I0.2	交流接触器	KM	Q0.2
停止按钮	SB1	I0.1			
热继电器	FR	I0.0			

2. 硬件接线图

系统的硬件接线图如图 2.1 所示，L1 和 N 连接 220V 交流电，为整个 PLC 供电，1L 为输出公共端；L+和 M 为外界提供 24V 直流电，1M 为输入信号的公共端。

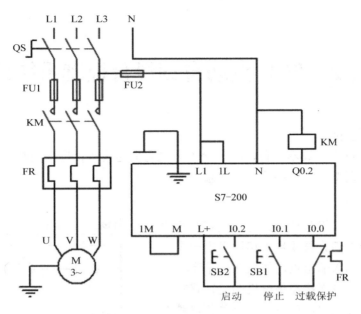

图 2.1　硬件接线图

3．程序设计

用两种方法设计系统，一种用线圈，系统梯形图如图 2.2 所示；另一种用置位、复位指令，如图 2.3 所示。

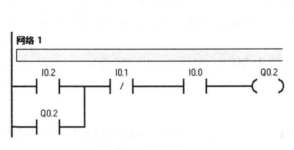

图 2.2　梯形图

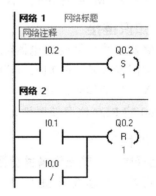

图 2.3　置位复位指令实现电机自锁控制

五、项目拓展

① 如果要实现电机点动控制，应如何修改梯形图？

② 为什么热继电器要用常闭触点？而与热继电器相对应的 PLC 存储单元要用常开触点？

③ 设计两人抢答器控制系统，甲选手使用按钮 SB1，控制甲小灯；乙选手使用按钮 SB2，控制乙小灯；主持人使用开始复位按钮 SB3。

④ 与③类似，设计三人抢答器控制系统。

项目 2 PLC 点动自锁混合控制系统设计

一、项目目的

在项目 1 基础上完成本项目，要求除了对电动机连续运行进行控制外，设备运行前还需要用点动控制调整生产设备的工作状态。

二、项目分析

根据控制要求，用两种方式分别控制电机的启动和停止。硬件部分与项目 1 相比多出一个点动按钮，先分配输入输出点，如表 2.5 所示。

点动按钮的状态直接控制电机的运行状态。连续运行控制仍然采用自锁控制。点动和自锁都需要控制 Q0.2 的状态，可能会设计出如图 2.4 所示的程序，在程序中 Q0.2 的线圈出现了两次，在一个程序中同一个线圈出现多次称为多线圈现象，这种现象是不允许的。为了解决这个问题可以使用位存储器(M)或者并联支路来实现。

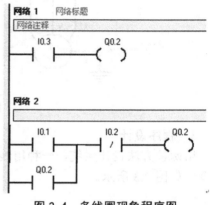

图 2.4 多线圈现象程序图

三、知识链接

位存储器也称为辅助继电器或通用继电器，它如同继电器控制系统中的中间继电器，用来存储中间操作数。在 PLC 中没有输入输出端与之对应，因此辅助继电器的线圈不可以直接受输入信号的控制，其触点也不能驱动外部负载。

S7-200 的 PLC 位存储器地址的寻址区域为 M0.0～M31.7，共 256 位。

四、项目实施

1. 选择输入、输出设备并分配地址

输入设备：启动按钮 SB1，停止按钮 SB2，点动按钮 SB3，热继电器 FR；输出设备：交流接触器 KM。PLC 点动自锁混合控制系统的 I/O 分配表如表 2.5 所示。

表 2.5 混合控制系统的 I/O 分配表

输 入 信 息			输 出 信 息		
名称	文字符号	输入地址	名称	文字符号	输出地址
启动按钮	SB1	I0.1	交流接触器	KM	Q0.2
停止按钮	SB2	I0.2			
点动按钮	SB3	I0.3			
热继电器	FR	I0.0			

2. 硬件接线图

系统的硬件接线图如图 2.5 所示。

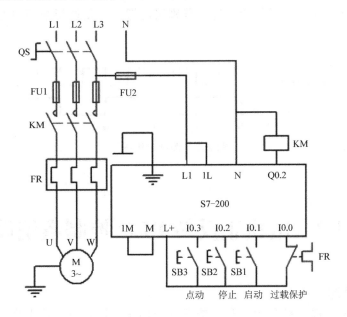

图 2.5　硬件接线图

3. 程序设计

系统的梯形图程序如图 2.6 所示。

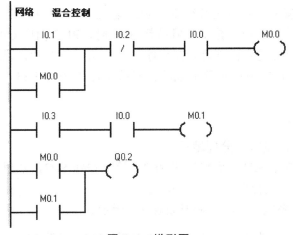

图 2.6　梯形图

五、拓展提高

1. 程序中不允许出现多线圈现象

PLC 的线圈状态是这样实现的，当前面的条件满足时线圈为 1，否则为 0。根据 PLC 的工作特点，程序中的所有指令执行完毕后，输出状态映像寄存器的通断状态在 CPU 的控制下被一次集中送至输出锁存器中，并通过一定输出方式输出，推动外部相应执行元件工作，所以最下面一个线圈的状态覆盖了前面线圈的输出，决定了最终输出锁存器的状态。

2. 设计一个单按钮控制电机起停的程序并画出梯形图

其控制时序如图 2.7 所示，假设初始时电机为停止状态，按下按钮启动电机，连续运行，此时再次按下按钮，电机停止运行。分别采用置位、复位指令和线圈指令编写程序实现控制要求。

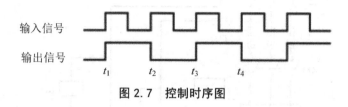

图 2.7 控制时序图

项目3 电机正反转 PLC 控制系统设计

一、项目目的

按下上升按钮，提升机开始上升；按下下降按钮，提升机开始下降；任何时刻按下停止按钮，提升机停止工作。

二、项目分析

本项目在项目 1 基础上，增加了反转控制，硬件部分需要增加一个反转控制按钮和一个反转交流接触器。按下上升按钮 SB1 时，PLC 输出 Q0.0 为 1，接触器 KM1 得电，控制电动机正转，带动提升机上升；按下下降按钮 SB2 时，PLC 输出 Q0.1 为 1，接触器 KM2 得电，电动机反转，带动提升机下降。在程序中应使用互锁控制，以避免运行过程中 KM1 和 KM2 两个线圈同时得电造成短路的危险；当按下停止按钮 SB3 后，电动机停止转动，提升机停止工作。

三、项目实施

1. 选择输入、输出设备并分配地址

输入设备：正转按钮 SB1，反转按钮 SB2，停止按钮 SB3，热继电器 FR；输出设备：正转交流接触器 KM1、反转交流接触器 KM2。

正反转 PLC 控制系统的 I/O 分配表如表 2.6 所示。

表 2.6 正反转 PLC 控制系统的 I/O 分配表

输 入 信 息			输 出 信 息		
名称	文字符号	输入地址	名称	文字符号	输出地址
正转按钮	SB1	I0.1	正转交流接触器	KM1	Q0.0
反转按钮	SB2	I0.2	反转交流接触器	KM2	Q0.1
停止按钮	SB3	I0.3			
热继电器	FR	I0.0			

2. 硬件接线图

系统的硬件接线图如图 2.8 所示。

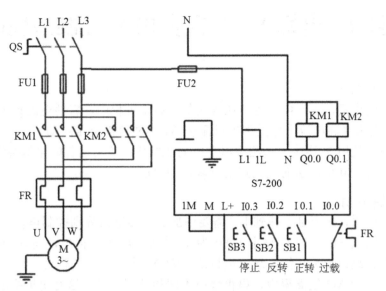

图 2.8　硬件接线图

3. 程序设计

系统的梯形图程序如图 2.9 所示。

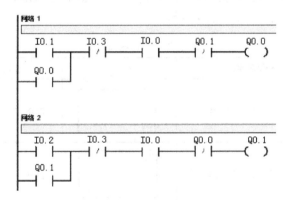

图 2.9　梯形图

四、拓展提高

某台设备的两台电动机分别受接触器 **KM1** 和 **KM2** 控制，控制要求是：只有先启动第一台电动机，才能启动第二台电动机；第一台电动机停止后，第二台电动机才能停止；如果发生过载，则两台电动机均停止。请写出 I/O 分配表，绘制主电路和 PLC 控制电路，PLC 程序。

项目 4　电机 Y-△ 启动 PLC 控制系统设计

一、项目目的

功率较大的电机，工作电流也是比较大的。启动过程中，启动电流为工作电流的 7~10 倍，为避免电机因过高电流产生过多热量而烧坏，不能直接全压启动。一般采用 Y-△ 启动，启动时电机绕组使用 Y 连接，每相绕组电压为 220 伏；正常运行时电机绕组使用 △ 连接，每相绕组电压为 380 伏，从而达到启动时降压的目的。

二、项目分析

根据控制要求，在项目 1 基础上，需要增加 2 个接触器分别控制电机的 Y 型和 △ 型连接，按下启动按钮 SB1，PLC 输出 Q0.0 为 1，接触器 KM1 得电，同时 Q0.2 为 1，KM3 线圈得电，电机绕组末端相接，这时电机绕组为 Y 连接，电机启动。经过 5 秒后，Q0.2 为 0，Q0.1 为 1，KM2 线圈得电，电机绕组不同相首尾联结，这时电机绕组为 △ 连接，电机正常运行。按下停止按钮 SB2，电机停止。

三、知识链接

S7-200 提供三种不同类型的定时器，分别是通电延时型 TON，断开延时型 TOF 和有记忆的通电延时型 TONR，如表 2.7 所示。

表 2.7　定时器指令

指令名称	LAD	STL
通电延时型定时器	IN　　TON PT　??? ms	TON T××, PT
断电延时型定时器	IN　　TOF PT　??? ms	TOF T××, PT
有记忆的通电延时型定时器	IN　　TONR PT　??? ms	TONR T××, PT

定时器的定时时间等于定时器精度与设定值的乘积。定时器的精度有 1ms、10ms 和 100ms 三种，取决于定时器型号，具体情况如表 2.8 所示。每个定时器指令有两个变量，一个变量存放当前时间值的 16 位有符号整数，允许的最大值为 32767；另一个变量是定时器位，当前时间大于等于设定时间值时，该位置 1。

表 2.8　定时器精度和编号

定时器指令	精度/ms	计时范围/s	定时器号
TONR	1	1~32.767	T0、T64
	10	1~327.67	T1~T4、T65~T68
	100	1~3 276.7	T5~T31、T69~T95
TON TOF	1	1~32.767	T32、T96
	10	1~327.67	T33~T36、T97~T100
	100	1~3 276.7	T37~T63、T101~T255

【说明】

① 通电延时型定时器 TON：用来在输入接通一段时间后再置位定时器的位。上电周期或首次扫描时，定时器位为 OFF，当前值为 0。当使能端(IN)输入接通时，定时器位为 OFF，当前值从 0 开始计数时间，当前值达到预设值时，定时器位变为 ON，当前值连续计数，最大可达到 32767。使能端输入断开，定时器自动复位，即定时器位变为 OFF，当前值变为 0。应用程序及运行结果时序如图 2.10 所示。

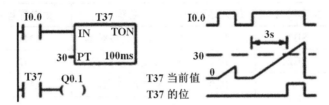

图 2.10　通电延时型定时器应用程序及运行时序图

② 断电延时型定时器 TOF：用来在输入断开一段时间后再复位定时器位。当使能输入端(IN)输入接通时，定时器位为 ON，定时器当前值为 0。当使能输入端(IN)由接通到断开时，当前值从 0 递增，开始计时，当前值等于预置值时，定时器位为 OFF，并停止计时，当前值保持。若输入端再次由 OFF 变为 ON 时，定时器复位；如果输入端再从 ON 变为 OFF，则定时器再次启动计时。应用程序及运行结果时序如图 2.11 所示。

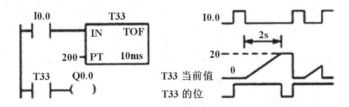

图 2.11　断电延时型定时器应用程序及运行时序图

③ 有记忆的通电延时型定时器 TONR：对定时器的状态具有记忆功能，它用于对许多间隔进行累积定时。首次扫描或复位上电周期后，定时器位为 0，当前值为 0。当输入端接通时，当前值从 0 开始计时。当输入端断开时，当前值保持不变。当输入端再次接通时，当前值从上次的保持值开始继续计时，当前值累计达到设定值时，定时器位变为 ON 并保持，只要输入端持续接通，当前值可持续计数到 32767。应用程序及运行结果时序如图 2.12 所示。

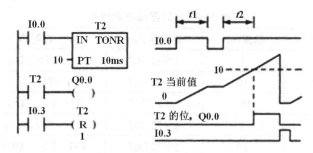

图2.12 有记忆的通电延时型定时器应用

四、项目实施

1. 选择输入、输出设备并分配地址

输入设备：启动按钮 SB1、停止按钮 SB2、热继电器 FR；输出设备：交流接触器 KM1、KM2、KM3。电机 Y-△ 启动 PLC 控制系统的 I/O 分配表如表 2.9 所示。

表 2.9 电机 Y-△ 启动 PLC 控制系统的 I/O 分配表

输 入 信 息			输 出 信 息		
名称	文字符号	输入地址	名称	文字符号	输出地址
启动按钮	SB1	I0.1	启停交流接触器	KM1	Q0.0
停止按钮	SB2	I0.2	△交流接触器	KM2	Q0.1
热继电器	FR	I0.0	Y 交流接触器	KM3	Q0.2

2. 硬件接线图

系统的硬件接线图如图 2.13 所示。

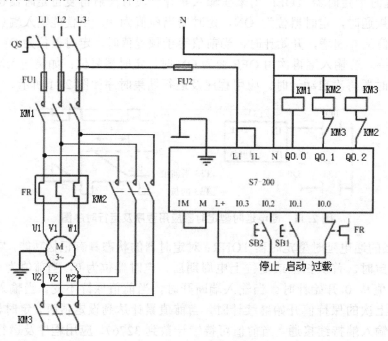

图 2.13 硬件接线图

3. 程序设计

系统的梯形图程序如图 2.14 所示。

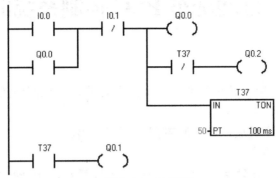

图 2.14 梯形图

五、拓展提高

① 模拟喷泉系统的示意图如图 2.15 所示。开关拨上后，1#小灯亮；1s 后，2#小灯也亮；1s 后，3#小灯也亮；1s 后，4#小灯也亮；1s 后，5#小灯也亮；1s 后，6#小灯也亮；1s 后，7#小灯也亮；1s 后，8#小灯也亮；1s 后，全部小灯灭；全灭 1s 后，1#小灯亮，依次循环。

参考方法一：利用 M 存储器，记忆标志位，注意循环的实现。

参考方法二：先用 TON，最后一个网络用 TOF，体会差别。

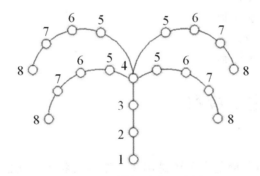

图 2.15 模拟喷泉示意图

② 模拟喷泉系统，各小灯正着亮倒着灭。开关拨上后，1#小灯亮；1s 后，2#小灯也亮；1s 后，3#小灯也亮；1s 后，4#小灯也亮；1s 后，5#小灯也亮；1s 后，6#小灯也亮；1s 后，7#小灯也亮；1s 后，8#小灯也亮；1s 后，8#小灯灭；1s 后，7#小灯灭；1s 后，6#小灯灭；1s 后，5#小灯灭；1s 后，4#小灯灭；1s 后，3#小灯灭；1s 后，2#小灯灭；1s 后，1#小灯灭。

项目 5　自动洗车 PLC 控制系统的设计

一、项目目的

自动洗车系统广泛应用于各个行业，比如煤矿行业，环保部门要求在车辆开出煤场时对轮胎进行清洗。本任务要求如下：

① 进出车辆共用一个通道，同一时刻限一辆车进出。

② 使用电磁阀控制喷水。

③ 使用两段式喷水，车辆到达后，先进行前半段喷水，10 秒后前半段喷水结束，然后进行后半段喷水，再过 10 秒后喷水结束。

二、项目分析

① 进出车辆共用一个通道，所以要注意辨别车辆是进车还是出车。

② 对于喷水的控制：如果第一辆车在第一段喷洗过程中又来了一辆车，那么后面来的一辆车也要喷洗 10 秒钟，如何实现？

③ 第二段喷洗过程如何设计？

基于上面的分析，把整个项目分为四个任务：

任务 1：车辆进出检测。

任务 2：多车单段喷水控制。

任务 3：分段喷水控制。

任务 4：全程自动洗车控制。

任务 1　车辆进出检测

一、任务目的

分辨在通道上运行的车辆是进车还是出车，车辆形状为理想的长方体。如果是进车，点亮 LED 指示灯。

二、任务分析

要检测经过的车辆必须使用传感器，考虑到现场情况，使用对射式光电传感器。用一个传感器可以检测到是否存在车辆，但是没法检测进和出两种状态，要检测车辆的进出状态必须使用两个传感器，通过对两个传感器信号的判断，检测车辆的前后顺序，可以判断是出车和进车。

假设我们使用了两个传感器 A1、A2，洗车系统简图如图 2.16 所示。

当车辆是进车时，传感器 A2 先检测到，A1 后检测到；当车辆

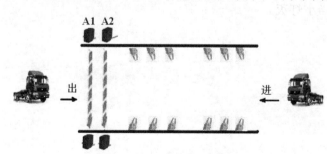

图 2.16　洗车系统简图

出车时，传感器 A1 先检测到，A2 后检测到。根据现场需要，两个对射式光电传感器的距离较近，车身将同时遮挡两个传感器。综上所述，判断进车出车的标准是：当传感器 A1 为 1，传感器 A2 遇到一个上升沿，此情况为出车，相反为进车。

三、知识链接

上升沿、下降沿脉冲指令：执行程序时，遇到有效的上升沿/下降沿指令后，输出一个扫描周期时长的脉冲，上升沿/下降沿脉冲触发指令如表 2.10 所示。

表 2.10　上升沿、下降沿脉冲指令

指令名称	LAD	STL	功　能
上升沿脉冲	─┤ P ├─	EU	在输入信号上升沿产生脉冲
下降沿脉冲	─┤ N ├─	ED	在输入信号下降沿产生脉冲

【说明】

该指令没有操作数。

四、任务实施

1. 输入、输出地址分配

车辆进出检测任务的 I/O 分配表如表 2.11 所示。

表 2.11　车辆进出检测的 I/O 分配表

输入信息			输出信息		
名　称	文字符号	输入地址	名　称	文字符号	输出地址
前光电传感器	A1	I0.0	出车指示灯	LED1	Q0.0
后光电传感器	A2	I0.1	进车指示灯	LED2	Q0.1

2. 硬件接线图

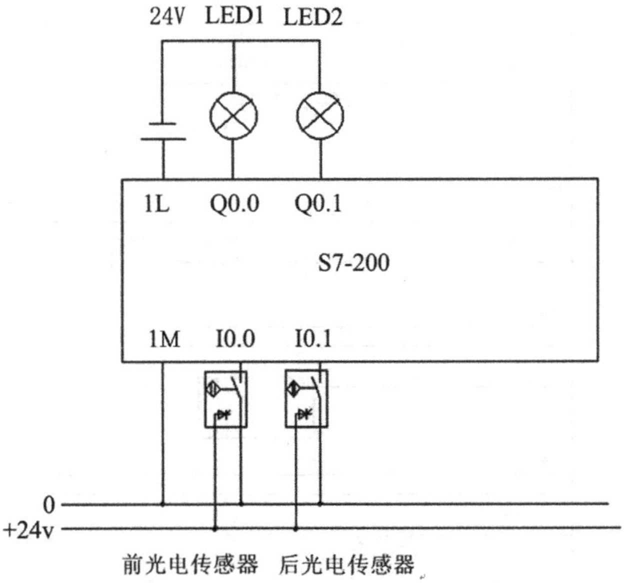

图 2.17　车辆进出检测的电路接线图

3. 程序设计

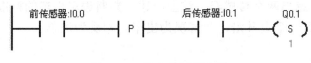

图 2.18　进车检测程序图

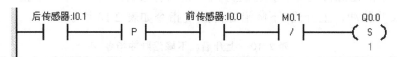

图 2.19　出车检测程序图

五、任务拓展

由于两个传感器的距离比较小，而货车的车头和车斗之间有一段空隙，空隙中有气管、油管、导线及金属构件等细小设备，如图 2.20(a) 所示。因此可能会发生误判断，把进车判断成出车，从而发生误操作。

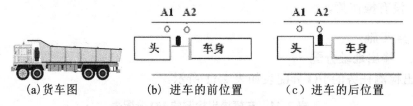

(a) 货车图　　　　(b) 进车的前位置　　　　(c) 进车的后位置

图 2.20　车行进示意图

如果车辆是进车，如图 2.20 所示：当进车车辆到达图(b) 的位置时，I0.0 为 1，I0.1 为 0；当车到达图(c) 的位置时，I0.0 为 1，I0.1 从 0 变为 1，这样就符合了出车检测条件，误认为是出车，电磁阀就会动作。

可以通过互锁来解决这种情况：在检测到进车后，将出车检测锁住一段时间(5s)，不让其运行，这样就不会发生误动作。程序的梯形图如图 2.21 所示。

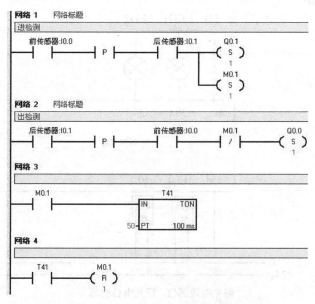

图 2.21　防止误动作的进车检测梯形图

任务 2 多车单段喷水控制

一、任务目的

判断出有车辆经过时，不管进车或出车，控制一个喷水电磁阀打开，实现自动洗车。当多辆车短间隔先后经过时，每辆进车都必须保证至少 10 秒钟的喷洗时间。

二、任务分析

当仅有一辆出车的时候比较好处理，只要检测到有出车，让电磁阀得电，开始喷水，延时 10 秒，停止喷水。如果在一辆出车没有离开第一段的同时，又有一辆车进入第一段，应该如何处理？首先可能想到的是，当后面再有出车时，重新启动一个定时器，再来一辆，再启动一个，如此下去，直到定时器用完，也不能解决这个问题。有效的解决方案是：既然每辆车都要经历 10 秒钟的喷水时间，那么如果再检测到下一辆出车的时候，让定时器复位，重新定时即可完成任务。

三、任务实施

1. 输入、输出地址分配

表 2.12 多车单段喷水控制的 I/O 分配表

输入信息			输出信息		
名　称	文字符号	输入地址	名　称	文字符号	输出地址
传感器	A1	I0.0	电磁阀 1	Y1	Q0.0

2. 硬件接线图

硬件接线如图 2.22 所示。

3. 程序设计

梯形图如图 2.23 所示。

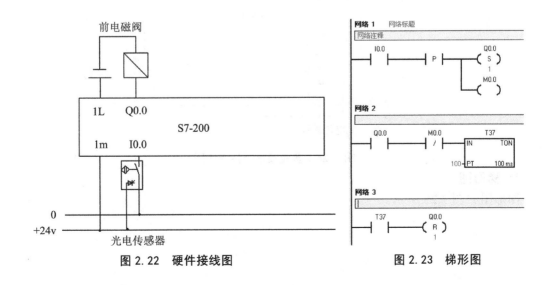

图 2.22 硬件接线图　　　　　　　　图 2.23 梯形图

任务 3　分段喷水控制

一、任务目的

在任务 2 基础上，为了达到节水的目的，把整个喷淋路段分为 2 段，有车辆经过前段时，前段开始喷水，当车辆离开前段后，后段开始喷水，每辆车在后段都必须保证 10 秒钟的喷洗时间。

二、任务分析

通过分析可以发现，后半段喷水控制本质上是对第一段喷水控制的跟踪，只是在时间上滞后了 10s。

三、任务实施

1. 输入、输出地址分配

表 2.13　分段喷水控制的 I/O 分配表

输入信息			输出信息		
名　称	文字符号	输入地址	名　称	文字符号	输出地址
传感器	A1	I0.0	后电磁阀	Y2	Q0.1
			前电磁阀	Y1	Q0.0

2. 硬件接线图

硬件接线如图 2.24 所示。

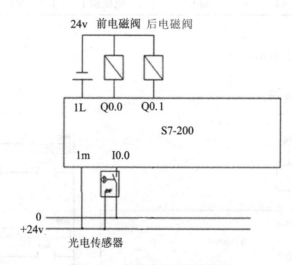

图 2.24　多段喷水硬件接线图

3. 梯形图

梯形图如图 2.25 所示。

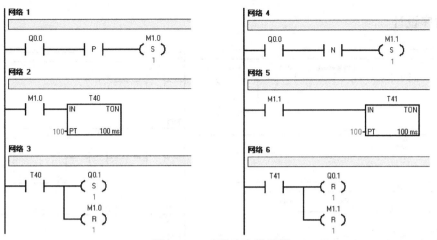

图 2.25　后段喷水梯形图

任务 4　全程自动洗车控制

一、任务实施

综合前三个任务，完成总任务设计。

硬件接线如图 2.26 所示。

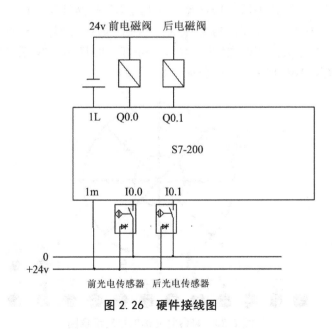

图 2.26　硬件接线图

2. 程序设计

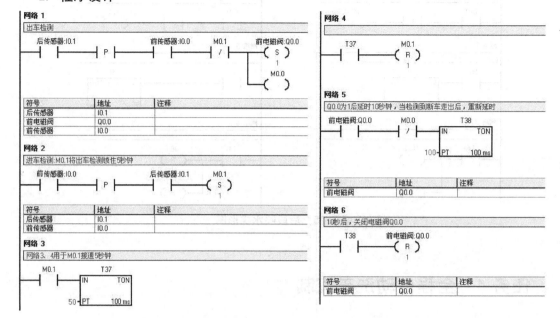

图2.27　自动洗车梯形图

二、拓展提高

设计舞台灯光模拟控制程序，示意图如题2.28所示。

控制要求：闭合启动开关后，1#灯亮，1s后2#灯和8#灯亮，1s后3#灯和7#灯亮，1s后4#灯和6#灯亮，1s后5#灯亮，1s后全灭，2s后1#灯、3#灯、5#灯、7#灯亮，2s后1#灯、3#灯、5#灯、7#灯灭，同时2#灯、4#灯、6#灯、8#灯亮，2s后2#灯、4#灯、6#灯、8#灯灭，同时9#灯、10#灯亮，2s后全灭，1s后循环。

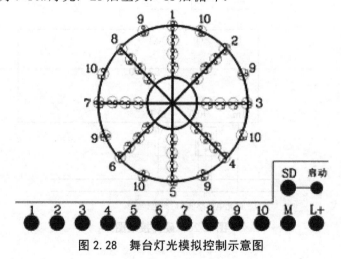

图2.28　舞台灯光模拟控制示意图

模块 3

PLC 数字量控制系统的设计

项目1　抢答器控制系统的设计

一、项目目的

抢答器模型是一个较为典型的实训模型，涉及到 PLC 控制器的输入与输出、LED 小灯的点亮、控制程序的编写、自锁与互锁、PLC 外围硬件的接线等知识，对读者熟悉 PLC 指令，掌握 PLC 的编程方法和程序调试方法，用 PLC 解决实际问题有非常好的作用。在抢答器模型中，主要考查对抢答器控制要求的理解，锻炼应用 PLC 解决问题的能力。

图 3.1　抢答器控制系统

设计一种用 PLC 控制的 4 人抢答器。控制要求如下：

① 设主持人 1 名，选手 4 名。

② 1、2、3、4 号抢答台上均有指示灯、抢答按钮。

③ 主持人台上有绿色的开始指示灯和红色的犯规指示灯，绿色的开始按钮和红色的复位按钮。

④ 主持人按开始按钮后，开始指示灯亮，选手可以按抢答按钮，最先按抢答按钮的选

手指示灯亮，后按抢答按钮的选手指示灯不亮。

⑤ 若主持人还未按开始按钮，就有选手按了抢答按钮，主持人台上的犯规指示灯闪烁，同时所有按了抢答按钮的选手指示灯闪烁。

⑥ 任何情况下，主持人按复位按钮都可以熄灭所有的指示灯。

二、项目分析

① 4 名选手抢答，所以要辨别哪位选手最先抢到答题资格。

② 对于犯规进行控制，只要主持人未按开始按钮，任何选手按了抢答按钮，都算犯规。

③ 犯规时，确定指示灯如何实现闪烁。

基于上面的分析，把本项目分为 4 个任务：

任务 1：4 人抢答。

任务 2：犯规判断。

任务 3：犯规指示灯闪烁控制。

任务 4：选手号码数码显示。

任务 1　4 人抢答

一、任务目的

熟练应用自锁互锁，实现抢答控制。设主持人 1 名，选手 4 名，1、2、3、4 号抢答台上均有指示灯、抢答按钮，主持人按开始按钮后，最先按下按钮的抢答台的指示灯亮。抢答结束后，主持人按复位按钮，可以再次抢答。

二、任务分析

分硬件和软件两部分设计此 PLC 控制系统。硬件设计：PLC 输入口接 6 个按钮，输出口接 6 个小灯泡；软件设计：抢答时 4 个选手间要有互锁，复位按钮用来作为 6 个小灯的熄灭按钮。

三、任务实施

1. 输入、输出地址分配

4 人抢答控制系统的 I/O 分配如表 3.1 所示。

表 3.1　4 人抢答控制系统 I/O 分配表

输入信息			输出信息		
名　称	文字符号	输入地址	名　称	文字符号	输出地址
1 号选手抢答按钮	SB1	I0.1	1 号选手指示灯	HL1	Q0.1
2 号选手抢答按钮	SB2	I0.2	2 号选手指示灯	HL2	Q0.2
3 号选手抢答按钮	SB3	I0.3	3 号选手指示灯	HL3	Q0.3
4 号选手抢答按钮	SB4	I0.4	4 号选手指示灯	HL4	Q0.4
主持人开始按钮	SB5	I0.5	开始指示灯	HL5	Q0.5
主持人复位按钮	SB6	I0.6	犯规指示灯	HL6	Q0.6

2. 硬件接线图

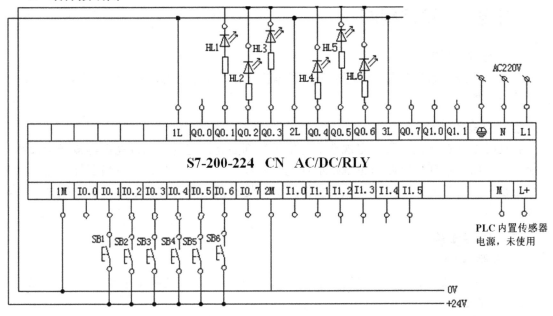

图 3.2　4人抢答控制系统硬件接线图

3. 程序设计

系统梯形图如图 3.3 所示。

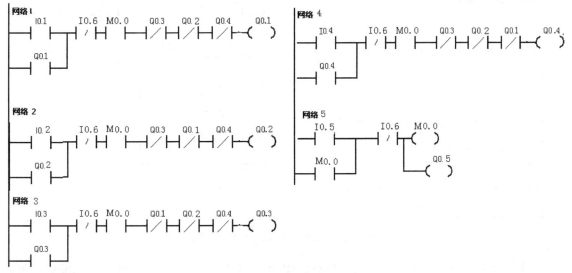

图 3.3　4人抢答控制系统梯形图 1

按下开始按钮 SB5，开始小灯常亮，先抢答的选手指示灯亮；按下复位按钮 SB6，所有小灯熄灭，可再次进行抢答。

任务2 犯规判断

一、任务目的

在主持人按开始按钮前，任何选手按了抢答按钮，都算犯规，主持台的犯规指示灯亮，犯规抢答台指示灯亮。

二、任务分析

犯规时不存在自锁，所有犯规选手的指示灯都要亮；犯规指示灯亮后再按开始按钮，不能点亮开始指示灯，因此在犯规指示灯亮时应锁住开始指示灯；犯规指示灯亮后，只有按复位按钮才能熄灭它，同时，按复位按钮能够熄灭其它所有的指示灯，使系统恢复初始状态。

三、任务实施

1. 硬件接线图

在任务1基础上多了一个犯规指示灯。I/O表和接线图同任务1中的表3.1和图3.2。

2. 程序设计

系统梯形图如图3.4所示。

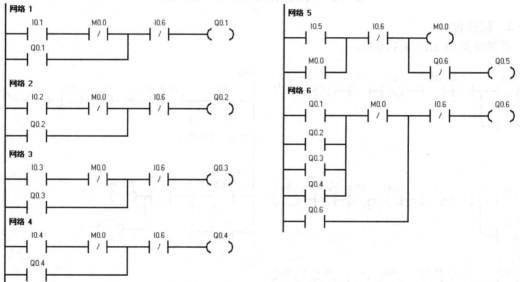

图 3.4 4 人抢答控制系统梯形图 2

【思考】在网络1~4中，是否可以把M0.0的常闭触点设置成与复位按钮(I0.6)串联，哪一种设置更好一些。

任务3 犯规指示灯闪烁控制

一、任务目的

在完成任务2(犯规判断)的基础上，当有选手犯规时，把犯规指示灯和犯规选手的指示灯设计成闪烁效果。

二、任务分析

要使指示灯产生闪烁效果，就要让指示灯亮一段时间后再熄灭一段时间，并重复这一过程。让指示灯亮、灭一段时间，可以用定时器定时控制实现。

三、任务实施

1. 硬件设计

I/O 表和接线图同任务 1 中的表 3.1 和图 3.2。

2. 闪烁设计

利用定时器指令实现一个频率为 0.5Hz 的方波信号，即占空比为 0.5，梯形图与波形图如图 3.5 所示。

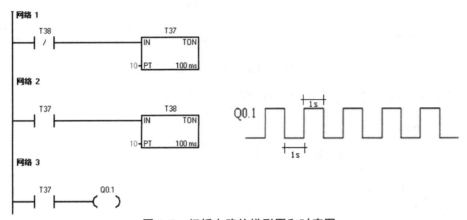

图 3.5　闪烁电路的梯形图和时序图

定时器 T37 时间为低电平时间，定时器 T38 时间为高电平时间。

3. 程序设计

先观察图 3.6 所示的程序，然后考虑，若选手 1 抢答，选手 1 指示灯和犯规指示灯能实现闪烁吗？为什么？

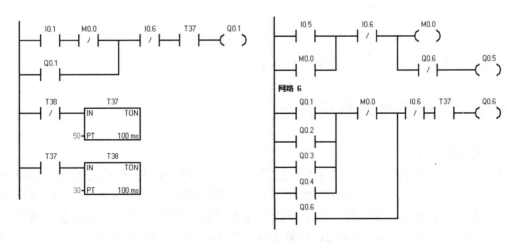

图 3.6　错误的犯规指示灯闪烁控制程序梯形图

考虑到上述问题，可以通过中间继电器来实现要求，程序如图 3.7 所示。

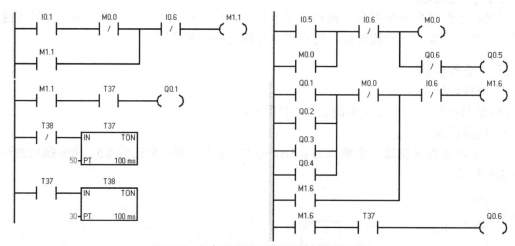

图 3.7 犯规指示灯闪烁控制程序梯形图

合并任务 1 中的功能，选手 1 指示灯控制梯形图如图 3.8 所示。

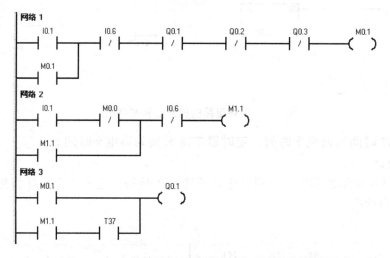

图 3.8 4 人抢答控制系统选手 1 指示灯控制梯形图

另外 3 位选手的指示灯控制程序，与选手 1 类似，请自行设计。

任务 4 选手号码数码显示

一、任务目的

设计一个能用数字显示抢答选手号码的抢答器，有 4 组选手，一位主持人。每组选手各有 1 个抢答按钮，主持人有一个开始按钮和一个复位按钮，系统还有一个一位数码管，用来显示选手号码数字。当主持人按下开始答题按钮后，如果 1 号选手先抢答，数码管显示 1；如果 2 号选手先抢答，显示 2；如果 3 号选手先抢答，显示 3；如果 4 号选手先抢答，显示 4。

二、任务分析

抢答判断过程与任务 1 相同，本任务的关键是如何把数码管与 PLC 的电路连接，以及如何显示数字。

三、知识链接

1. 7 段数码管

数码管又称为 LED（Light Emitting Diode）数码显示器，它的内部由 7 个条形发光二极管和一个小圆点发光二极管组成，分别记作 a、b、c、d、e、f、g、dp，其中 dp 为小数点。当发光二极管导通时，相应的点或线段发光。将这些二极管排成一定图形，控制不同组合的二极管导通，就可以显示出不同的字形。根据显示的位数不同，分为一位数码管、二位数码管、三位数码管、四位数码管和五位数码管。数码管的示例及数码管的引脚，如图 3.9 所示。

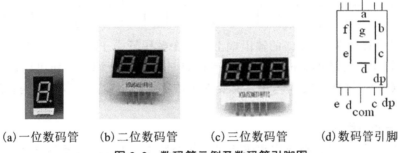

(a) 一位数码管　　(b) 二位数码管　　(c) 三位数码管　　(d) 数码管引脚

图 3.9　数码管示例及数码管引脚图

如图 3.10 所示，com 端为公共端，根据公共端接线的不同分为共阴极和共阳极数码管。如果公共端 com 是将各段二极管的阴极接在一起引出，则称为共阴极数码管；如果公共端 com 是将各段二极管的阳极接在一起引出，则称为共阳极数码管。在市场上买到的数码管公共端已接在一起，只需根据设计要求，把 com 端接在电源的正极或负极上即可，注意，与发光二极管一样，在使用数码管时需要接限流电阻。

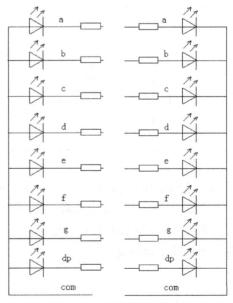

图 3.10　数码管引脚接线

表 3.2 是共阴极型数码管显示 0～9 数码的真值表，请自己写出共阳极的真值表。

表 3.2　7 段码显示真值表

显示	段　符　号								代码
	dp	g	f	e	d	c	b	a	共阴极
0	0	0	1	1	1	1	1	1	3FH
1	0	0	0	0	0	1	1	0	06H
2	0	1	0	1	1	0	1	1	5BH
3	0	1	0	0	1	1	1	1	4FH
4	0	1	1	0	0	1	1	0	66H
5	0	1	1	0	1	1	0	1	6DH
6	0	1	1	1	1	1	0	1	7DH
7	0	0	0	0	0	1	1	1	07H
8	0	1	1	1	1	1	1	1	7FH
9	0	1	1	0	1	1	1	1	67H

　　数码管可以直接连接在 PLC 的输出端上，一个数码管由 PLC 的 7 位数字量输出口控制。当 PLC 的输出口资源不足时，除了扩展 PLC 的输出口资源外，还可以把一个 CD514 锁存器接到 PLC 上，这样 1 位数码管只需要 5 个数字量输出口，当多位数码管显示时还可以采用动态显示。

　　2. 7 段显示译码指令

　　在 PLC 控制系统中有时需要用数码管显示某个数据，7 段显示译码指令可以实现相应的功能。另外，7 段显示译码指令只能对在有效编码规则中的字节型数据进行译码。7 段显示译码指令如表 3.3 所示。

表 3.3　7 段显示译码指令

指令名称	LAD	STL	功　能
7 段显示译码指令	SEG EN　ENO IN　OUT	SEG IN, OUT	根据字节型输入数据 IN 的低四位有效数字产生相应的 7 段显示码，并将其输出到 OUT 指定的字节型数据单元

【说明】

　　① 操作数 IN 和 OUT 为字节型数据，寻址范围不包括专用的字及双字存储器，如 T、C、HC 等，其中 IN 可以寻址常数，OUT 不能寻址常数。

　　② 7 段显示码的编码规则如表 3.4 所示。对于共阴极数码管可以直接驱动，共阳极数码管则需要经反相器驱动。

表 3.4   7 段显示码的编码规则

IN	OUT		段码显示	IN	OUT	
	g f e d c b a				g f e d c b a	
0	0 1 1 1 1 1 1			8	1 1 1 1 1 1 1	
1	0 0 0 0 1 1 0			9	1 1 0 0 1 1 1	
2	1 0 1 1 0 1 1			A	1 1 1 0 1 1 1	
3	1 0 0 1 1 1 1			B	1 1 1 1 1 0 0	
4	1 1 0 0 1 1 0			C	0 1 1 1 0 0 1	
5	1 1 0 1 1 0 1			D	1 0 1 1 1 1 0	
6	1 1 1 1 1 0 1			E	1 1 1 1 0 0 1	
7	0 0 0 0 1 1 1			F	1 1 1 0 0 0 1	

【例 3.1】用数码管显示数字 5，如图 3.11 所示。

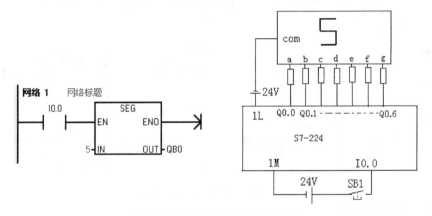

图 3.11   7 段显示译码指令应用

3. 数据传送指令

数据传送指令的主要作用是将常数或某存储器中的数据传送到另一个存储器，它包括单一数据传送和成组数据传送两大类。

数据传送指令通常用于设定参数、协助处理有关数据以及建立数据或参数表格等。

（1）单一数据传送指令

当使能 EN 端的输入有效时，将输入 IN 端所指定数据传送到输出 OUT 端，在传送过程中不改变数据的大小。用传送指令可以实现赋值操作。

单一数据传送指令包括字节传送(MOVB)、字传送(MOVW)、双字传送(MOVD)和实数传送(MOVR)指令，如表 3.5 所示。

表 3.5   单一数据传送指令

指令名称	LAD	STL	功 能
字节传送指令	MOV_B EN ENO IN OUT	MOVB IN, OUT	传送长度为一个字节的数据

指令名称	LAD	STL	功　能
字传送指令	MOV_W EN　ENO IN　OUT	MOVW IN, OUT	传送长度为一个字的数据
双字传送指令	MOV_DW EN　ENO IN　OUT	MOVD IN, OUT	传送长度为一个双字的数据
实数传送指令	MOV_R EN　ENO IN　OUT	MOVR IN, OUT	传送实数数据

【例3.2】设有8盏指示灯，控制要求是：当I0.0接通时，全部灯亮；当I0.1接通时，奇数灯亮；当I0.2接通时，偶数灯亮；当I0.3接通时，全部灯灭。用数据传送指令编写程序。梯形图如图3.12所示。

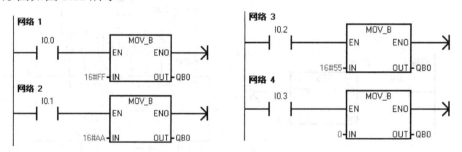

图3.12　单一数据传送指令的应用

（2）数据块传送指令

数据块传送指令可以完成传送批量数据的操作，包括字节块传送（BMB）、字块传送（BMW）和双字块传送（BMD）指令，传送指定数量的数据到一个新的存储区，数据的起始地址为IN，数据长度为N，新块的起始地址为OUT，N的取值范围为1～255。如表3.6所示。

表3.6　块数据传送指令

指令名称	LAD	STL	功　能
字节块传送	BLKMOV_B EN　ENO IN　OUT N	BMB IN, OUT, N	传送N个字节数据
字块传送	BLKMOV_W EN　ENO IN　OUT N	BMW IN, OUT, N	传送N个字数据
双字块传送	BLKMOV_D EN　ENO IN　OUT N	BMD IN, OUT, N	传送N个双字数据

【例3.3】把 VB20~VB24 单元中 5 个字节的内容传送到 VB200~VB204 单元中，启动信号为 I0.1。梯形图如图 3.13 所示。

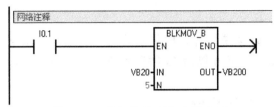

图 3.13　数据块传送指令的应用

四、任务实施

1. 输入、输出地址分配

I/O 分配如表 3.7 所示。

表 3.7　4 人数码显示抢答控制系统 I/O 分配表

输入信息			输出信息		
名　称	文字符号	输入地址	名　称	文字符号	输出地址
1 号选手抢答按钮	SB1	I0.1	数码显示管	LED	QB0
2 号选手抢答按钮	SB2	I0.2			
3 号选手抢答按钮	SB3	I0.3			
4 号选手抢答按钮	SB4	I0.4			
主持人开始按钮	SB5	I0.5			
主持人复位按钮	SB6	I0.6			

2. 硬件接线图

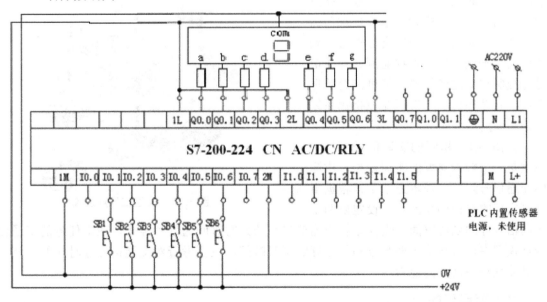

图 3.14　4 人数码显示抢答控制系统硬件接线图

3. 程序设计

请读者自行完成程序设计。

五、任务拓展

① 设计一个 9s 倒计时系统。打开控制开关后，数码管显示 9，每过 1s 后，数码管显示数字减 1，直到显示 0，显示 0 以后 1s 数码管灭，数码管上的小数点灭。任何时候，关闭控制开关数码管显示全灭。

② 设计一个计时 3 人抢答器系统。

主持人有一个开始答题按钮，一个复位按钮。当主持人按下开始答题按钮时开始计时，时间在数码管上显示，在 8 秒内仍无选手抢答，则系统超时指示灯亮，此后选手不能再抢答；如果 8 秒内有人抢答，最先按下抢答按钮的抢答者的抢答指示灯亮，同时选手序号在数码管上显示(不再显示时间)，其他选手抢答按钮不起作用。

如果主持人未按下开始答题按钮就有选手抢答，则认为犯规，犯规指示灯亮并闪烁，同时选手序号在数码管上显示，其他选手的抢答按钮不起作用。无论在什么情况下，只要主持人按下系统复位按钮，系统都回到初始状态。请根据实训室 PLC 的型号先分配 I/O，再编写程序并调试。

项目 2　交通信号灯控制系统的设计

一、项目引入

随着社会经济的发展，城市交通问题越来越引起人们关注。人、车、路三者关系的协调，已成为交通管理部门需要解决的重要问题。城市交通信号控制系统是用于城市交通数据监测、交通信号灯控制与交通疏导的计算机综合管理系统，它是现代城市交通监控指挥系统中最重要的组成部分。

如图 3.15 所示的交通信号灯控制模型是一个较为典型的实训模型。实际中交通信号灯控制基本方法是：根据事先测定好的路口的车流量，设定好两个

图 3.15　交通信号灯系统

方向信号灯的延时时间，指挥车辆根据信号灯的延时时间通行和停止。在本任务的交通信号灯模型中，直接给出两个方向信号灯的延时时间，主要考查对交通信号灯时序的理解和通过编程解决问题的能力。

二、项目目的

设计一种用 PLC 控制的十字路口交通信号灯。控制要求：

① 东西和南北方向分别设置红、绿、黄三色信号灯。

② 闭合启停开关后开始工作，首先南北方向绿灯和东西方向红灯亮。

③ 东西和南北方向红黄绿灯点亮时间相同，红灯 30s，绿灯 25s，黄灯 5s。

④ 黄灯点亮期间，按 1Hz 频率闪烁。

三、项目分析

① 按照时间顺序红、绿、黄三色指示灯依次点亮。

② 可以采用启停自锁控制、比较指令、顺序指令等多种方法实现

基于上面的分析，根据不同方案把项目分为 3 个任务，用不同方式实现项目要求。

任务 1　十字路口交通信号灯控制系统设计(1)

一、任务目的

用触点的串并联指令实现十字路口交通信号灯控制系统。信号灯分东西和南北两组，分别有红、黄、绿三种颜色，每个方向都按红灯、绿灯、黄灯的顺序依次循环点亮，一个方向上的红灯亮的时长，等于另外方向绿灯亮和黄灯亮时长的和。闭合启停开关开始工作，首先南北方向绿灯和东西方向红灯亮，按照图 3.16 所示的时序循环工作，断开启停开关后立刻停止工作。

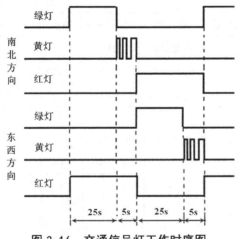

图 3.16　交通信号灯工作时序图

二、任务分析

分硬件和软件两部分设计此 PLC 控制系统。硬件设计上，交通信号灯采用直流电灯泡，共有 6 个指示灯，输入接在一个启停开关上；软件设计上，由于出现了 4 个时间值，因此要采用 4 个定时器来实现控制，黄灯要有闪烁效果。

三、知识链接(闪烁电路的设计)

可以利用定时器指令实现一个频率为 0.5Hz 的方波信号，即占空比为 0.5，梯形图与波形图如图 3.17 所示。

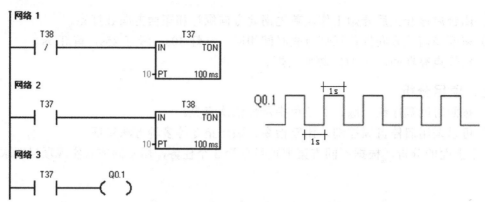

图 3.17　闪烁电路的梯形图和时序图

实现闪烁电路另一种方式：利用特殊功能继电器中的 SM0.5，实现一个亮 0.5s，灭 0.5s，频率为 1Hz 的方波信号。

四、任务实施

1. 输入、输出地址分配

十字路口交通信号灯控制系统 I/O 端口分配如表 3.8 所示。

表 3.8　十字路口交通信号灯控制 I/O 端口分配表

输　入　信　息			输　出　信　息					
名　称	文字符号	输入地址	名　称	文字符号	输出地址	名　称	文字符号	输出地址
启停开关	SA	I0.1	南北红灯	HL1	Q0.1	东西绿灯	HL2	Q0.2
			南北绿灯	HL5	Q0.5	东西黄灯	HL3	Q0.3
			南北黄灯	HL6	Q0.6	东西红灯	HL4	Q0.4

2. 控制电路图

十字路口交通信号灯控制系统电路如图 3.18 所示。

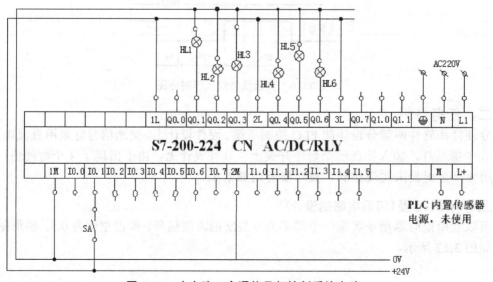

图 3.18　十字路口交通信号灯控制系统电路

3. 程序设计

十字路口交通信号灯控制系统的参考梯形图如图 3.19 和图 3.20 所示。

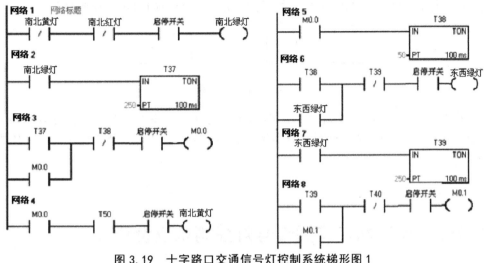

图 3.19　十字路口交通信号灯控制系统梯形图 1

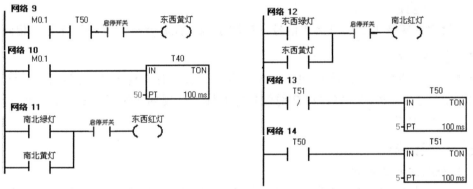

图 3.20　十字路口交通信号灯控制系统梯形图 2

4. 操作过程

① 认识 PLC 实验台，找到本次实训所用的实验面板，按图 3.18 所示的电路连接十字路口交通信号灯控制电路，注意与实验面板的对应，检查无误后接通实验台电源。

② 打开计算机中的编程软件，编辑图 3.19 和图 3.20 所示的控制程序后，下载给 PLC。

③ 使用编程软件的运行和停止按钮或者拨动 PLC 的运行开关，运行或停止程序。

④ 运行状态下，打开程序状态监控，观察结果，反复调试，直至满足下述要求：闭合启停开关后信号灯系统开始工作；东西红灯亮 30 秒后熄灭，东西红灯亮的时间段内，南北绿灯亮 25 秒后熄灭，南北绿灯熄灭后，南北黄灯以一定频率闪烁 5 秒后熄灭；然后，南北红灯亮 30 秒熄灭，南北红灯亮的时间段内，东西绿灯亮 25 秒熄灭，东西绿灯熄灭后，东西黄始以一定频率闪烁 5 秒后熄灭。这样一个周期结束后，再次东西红灯亮，南北绿灯亮，周而复始。当断开启停开关时，所有信号灯都熄灭。

五、综合能力提升 —— 任务拓展

① 若希望断开启停开关后，系统不立刻停止工作，而是在红、绿、黄灯运行完本次循环再停止，应如何设计梯形图？

② 若希望闭合启停开关时，系统不是周而复始地一直运行，而是红、绿、黄灯运行完一次循环就停止，应该如何设计梯形图？

③ 若希望在 Q0.0 上输出图 3.21 所示的波形图，应该如何设计梯形图？

图 3.21　波形图

④ 不考虑 PLC 输出点是否够用，在本任务基础上，添加在东西方向红灯和南北方向红灯亮的最后 9s 中，同时开始倒计数显示 9-8-7-6-5-4-3-2-1。请设计程序，可由组态进行实现。

任务 2　十字路口交通信号灯控制系统设计(2)

一、任务目的

用比较指令实现十字路口交通信号灯控制系统。控制要求与本项目任务 1 相同。

二、任务分析

分硬件和软件两部分设计此 PLC 控制系统。硬件设计与任务 2 相同；软件设计上，由 1 个自激励的定时器控制十字路口交通信号灯循环 1 个周期的时间，在一个周期内，6 个指示灯分别在不同的时间段点亮。

三、知识链接

1.　自激励定时器设计

自激励定时器是指用本身的触点激励输入的定时器，如图 3.22(a)中定时器 T32 的使能端接 T32 的常闭触点。

1ms 精度的定时器每隔 1ms 刷新一次当前值；10ms 精度的定时器在每个扫描周期开始刷新一次当前值；100ms 精度的定时器，当前指令执行时刷新当前值。由于三种精度的定时器的刷新方式不同，1ms 和 10ms 精度的定时器在图 3.22(a)中不能稳定地每隔 300ms 输出一个扫描周期的脉冲信号，而在图 3.22(b)中则可以。100ms 精度的定时器在图 3.22(a)和(b)图上都可以稳定地每隔 300ms 输出一个扫描周期的脉冲信号。

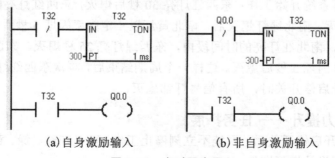

(a)自身激励输入　　　　　(b)非自身激励输入

图 3.22　定时器应用

2. 比较指令

比较指令对两个操作数(IN1、IN2)按规定的条件进行比较,比较关系成立则比较触点闭合。比较指令的操作数类型有:

① 字节比较 B(Byte):比较 8 位无符号整数。

② 整数比较 I(Int)/W(Word):比较 16 位有符号整数。

③ 双字比较 D(Double Int/Word):比较 32 位有符号整数。

④ 实数比较 R(Real):比较 32 位有符号浮点数。

⑤ ASCII 字符串比较 S:比较两个字符串是否相同。

比较指令的运算符号有: ==(等于),<>(不等于),>(大于),<(小于),>=(大于等于)和<=(小于等于),现以"等于"指令为例进行介绍,如表 3.9 所示。

表 3.9 比较指令

指令名称	LAD	STL	功　能
字节比较	IN1 ┤ ==B ├ IN2	LDB＝IN1, IN2 AB＝IN1, IN2 OB＝IN1, IN2	对两个字节数据进行比较,若比较结果为真,则该触点闭合
整数比较	IN1 ┤ ==I ├ IN2	LDW＝IN1, IN2 AW＝IN1, IN2 OW＝IN1, IN2	对两个字数据进行比较,若比较结果为真,则该触点闭合
双字比较	IN1 ┤ ==D ├ IN2	LDD＝IN1, IN2 AD＝IN1, IN2 OD＝IN1, IN2	对两个双字数据进行比较,若比较结果为真,则该触点闭合
实数比较	IN1 ┤ ==R ├ IN2	LDR＝IN1, IN2 AR＝IN1, IN2 OR＝IN1, IN2	对两个实数数据进行比较,若比较结果为真,则该触点闭合
字符串比较	IN1 ┤ ==S ├ IN2	LDS＝IN1, IN2 AS＝IN1, IN2 OS＝IN1, IN2	对两个字符串数据进行比较,若比较结果为真,则该触点闭合

【说明】

① 比较指令的两个输入值 IN1 和 IN2 的数据类型必须相同。

② 以 LD 开始的指令表示取比较触点,以 A 开始的指令表示串联比较触点,以 O 开始的指令表示并联比较触点。

③ 操作数的寻址范围要与操作码中的规定一致,其中字节比较、实数比较指令不能寻址专用的字及双字存储器 T、C、HC 等;整数比较指令不能寻址专用的双字存储器 HC;双字比较指令不能寻址专用的字存储器 T、C 等。

④ 比较指令常用于判断物体的重量、产品的数目、开关的次数等以数字数据作为控制根据的控制系统中。

【例 3.4】用比较指令和定时器指令实现占空比可调的矩形波脉冲,梯形图与指令表如图 3.23 所示。

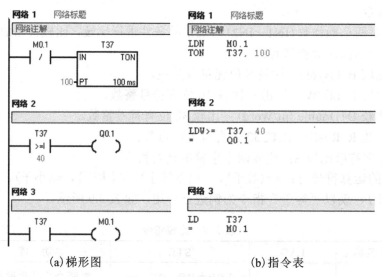

(a)梯形图   (b)指令表

图 3.23   比较指令应用

本例中使用了 T37，它的精度是 100ms，设定值为 100，故计时时间为 10 秒。网络 1 中使用常闭触点 M0.1，这样，PLC 一上电时就立即触发定时器，使其开始计时。网络 2 中使用比较指令，比较的对象是定时器 T37 的当前值和 40，即当定时器的当前值寄存器中的数值大于等于 40 时，Q0.1 将有输出。此时的计时值为 4 秒。在网络 3 中，如果定时器达到其设定值 10 秒时，将对触点 M0.1 置位。在下一个扫描周期，PLC 将执行第一条指令，此时 M0.1 由于已经被置位为 1，所以其常闭触点将被打开，定时器计时清零，进而断开 T37 的输出 Q0.1。这样就会形成一个周期为 10 秒，占空比为 2:3 的矩形波。

四、任务实施

I/O 端口分配和控制电路与本项目任务 1 相同。

1. 程序设计

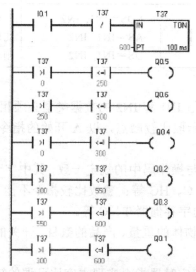

图 3.24   用比较指令实现交通信号灯控制系统的梯形图

2. 操作过程

① 认识 PLC 实验台，找到本次实训所用的实验面板，按图 3.18 所示的电路，连接十字路口交通信号灯控制电路，注意与实验面板的对应，检查无误后接通实验台电源。

② 打开计算机中的编程软件，编辑图 3.24 所示的控制程序后，下载给 PLC。

③ 使用编程软件的运行和停止按钮或者是拨动 PLC 的运行开关运行或停止程序。

④ 运行状态下，打开程序状态监控，观察结果，反复调试，直至满足要求(与任务 1 相同)。

五、任务拓展

① 用比较法设计模拟喷泉程序。

② 用比较法设计倒计数控制程序。

③ 某四相步进电机，控制 A、B、C、D 四相通电，实现 A→AB→B→BC→C→CD→D →DA 四相八拍，每一拍，电机旋转一个角度。请设计并实现对四相八拍步进电机的控制。

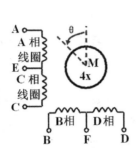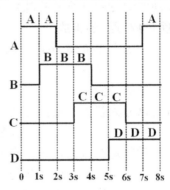

图 3.25　四相步进电机

④ 在轻工机械中，有许多执行部件按时间的先后顺序动作，当动作在时间上有相互重叠现象时，用比较指令来实现较简单。控制要求如图 3.23 所示，600ms 为一个周期，Q0.0 在一个周期的 100ms 到 300ms 时间段内输出高电平，Q0.1 在一个周期的 200ms 到 400ms 时间段内输出高电平，Q0.2 在一个周期的 500ms 到 600ms 时间段内输出高电平，周而复始，请设计满足该控制要求的 PLC 梯形图。

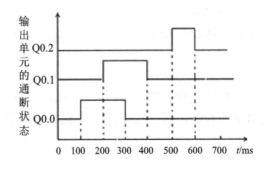

图 3.26　输出单元通断状态

任务3 十字路口交通信号灯控制系统设计(3)

一、任务目的

用顺序控制指令实现十字路口交通信号灯控制系统。合上启停开关后，运行完一个周期停止工作，其它控制要求与本项目任务1相同。

二、任务分析

分硬件和软件两部分设计此 PLC 控制系统。硬件设计与任务1相同；进行软件设计前，先绘制顺序功能图，再把顺序功能图转换为梯形图。

三、知识链接

下面介绍顺序功能图(SFC 图)的基础知识。

1. 顺序功能图(SFC 图)的组成

图 3.24 为冲压机冲压过程的顺序功能图，它由步、转移条件、有向线段、动作等几部分构成。

（1）顺序功能图中的"步"

一个控制过程可以分为若干阶段，这些阶段称为状态或者步。这里所说的步对应于工业生产工艺流程中的工步，是控制系统中一个相对稳定的状态，通常有初始步和工作步之分。初始步对应于控制系统工作之前的状态，是运行的起点，用双线框表示，初始步可以没有任何输出，但是必不可少。工作步对应于系统正常运行时的状态，用单线框表示。

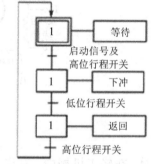

图 3.27 冲压机顺序功能图

根据步的运行状态，又可以分为活动步和静止步。系统工作正处于某一步时，相应的工作被执行，该步称为活动步，其它未处于工作的步称为静止步。

（2）转移条件

图 3.27 中，各步之间的短横线称为转移条件。具体条件要求用短横线旁边的文字或布尔代数表达式或图形符号注明。转移条件为步与步之间转换时需要满足的条件，步与步之间必须用转移条件隔开。

（3）有向线段

在顺序功能图中，带箭头的线段称为有向线段，用来表示顺序流程的进展方向，即步的转换方向。当各步由上向下执行时，有向线段的箭头通常省略不画；当进展方向由下向上时，箭头不可省略。

（4）动作

各步的动作表示各步所能完成的工作。当某一步为活动步时，相应的动作被执行。动作可以分为保持型和非保持型。例如，线圈指令=(OUT)为非保持型动作。当某步由活动步变为静止步时，非保持型动作也由 ON 变为 OFF。置位(S)和复位(R)指令为保持型动作，当某一步为活动步时，指令被执行，即使该步又变为静止步，被置位或复位的元件仍保持此时的状态不变，除非遇到新的复位或置位指令。

在顺序功能图中（并行序列除外），不同的步可以有相同的输出，即允许使用"双线圈"。但是，同一步内不能有相同的输出线圈。定时器线圈与其余线圈一样，可以在不同的步之间重复使用，但是应避免在相邻的步中使用同一个定时器线圈，以避免状态转移时定时器线圈不能断开，当前值不能复位。

2. 状态转移的实现

步与步之间的状态**转移**需满足两个条件：一是前级步必须是活动步；二是对应的**转移**条件要成立。满足上述两个条件就可以实现步与步之间的**转移**。值得注意的是，一旦后续步**转移**成活动步，前级步就要复位成非活动步。这样，顺序功能图的分析就变得条理十分清楚。另外，这样还能方便程序的阅读理解，使程序的试运行、调试、故障检查与排除变得非常容易，这就是顺序功能图法的优点。

3. 顺序功能图的画法

① 功能分析：将一个工作周期划分成若干步。

② 状态编号：将分析出来的步用方形的状态框表示，并用 S 进行编号。

③ 元件分配：确定输入、输出设备并给出地址编号。

④ 动作设置：将每步所需产生的动作以梯形图的方式画在状态框的右边。

⑤ 设置转移条件，用有向线段连接各步，构成闭合回路。

4. S7-200 系列 PLC 的顺序控制指令

S7-200 PLC 有 256（S0.0～S31.7)个顺序控制继电器用于顺序控制。使用顺序控制指令，可以模仿控制进程的步骤，对程序逻辑分段。可以将程序分成单个流程的顺序步骤，也可以同时激活多个流程；可以使单个流程有条件地分成多支单个流程，也可以使多个流程有条件地重新汇集成单个流程，从而方便地编制一个复杂工程的控制程序。指令格式如表 3.10 所示。

表 3.10　顺序控制指令

指令名称	LAD	STL	功　能
顺序开始指令	Sn SCR	LSCR Sn	步开始，该步的状态元件位被置 1
顺序转移指令	Sn —(SCRT)	SCRT Sn	步转移，关断本步，进入下一步，下一步的状态元件位被置 1
顺序结束指令	—(SCRE)	SCRE	步结束

【说明】

① 顺序控制器指令仅对寄存器 S 有效，SCR 程序段能否执行取决于该状态寄存器 S 是否置位。

② 不能把同一个 S 位用于不同程序中；在 SCR 段内不能使用 JMP 和 LBL 指令，即不

允许跳入、跳出该段或在该段内部跳转；在 SCR 段中不能使用 FOR、NEXT 和 END 指令。

③ 在状态发生转移后,该状态所在程序段内的元件一般也要复位,如果希望继续输出,可使用置位或复位指令。

④ 顺序控制指令跟其它指令一样都是从上往下执行,每个周期会扫描所有的步,如果是不活动步,由于条件不满足,步中的指令不会得到执行(但是会被扫描);如果是活动步,指令可以有效执行。在顺序控制指令中也存在多线圈现象,这一点一定要注意,可以通过如图 3.28 所示的程序验证。当运行 S0.0 步时,Q0.0 应该为 1,但是我们通过实验观察到 Q0.0 的状态并不为 1,而是 0;这是因为在 S0.1 这一步里面也出现了 Q0.0 的线圈,虽然 S0.1 不是活动步,但是这些指令还是要被扫描到,由于在这一步里 Q0.0 线圈前面的条件不满足,所以为 0,按照 PLC 输出的刷新方式 Q0.0 一直为 0。

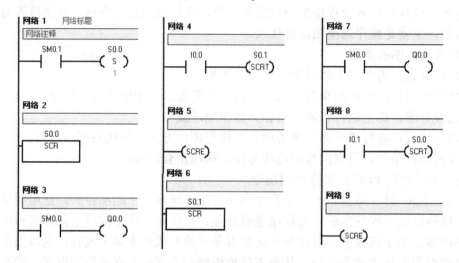

图 3.28 顺序控制指令应用程序 1

【例 3.5】用顺序控制指令实现电机的顺序启动,要求如下:按下启动按钮 SB1,KM1 得电,第一台电动机 M1 启动;运行 5 秒后,KM2 得电,第二台电动机 M2 启动。按下停止按钮 SB2,两台电动机全部停机。I/O 分配如表 3.11 所示。

表 3.11　I/O 端口分配表

输入信息			输出信息		
名　称	文字符号	输入地址	名　称	文字符号	输出地址
启动按钮	SB1	I0.1	控制 M1 的交流接触器	KM1	Q0.1
停止按钮	SB2	I0.2	控制 M2 的交流接触器	KM2	Q0.2

参考程序如图 3.29 所示。

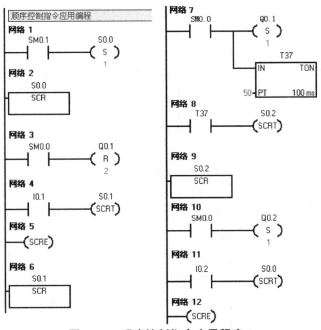

图 3.29　顺序控制指令应用程序 2

四、任务实施

I/O 端口分配和控制电路与本项目任务 1 相同。

1．顺序功能图

思路：将交通信号灯控制系统的一个工作周期划分为 5 步，并用状态元件(S)表示，得到的顺序功能图如图 3.30 所示。

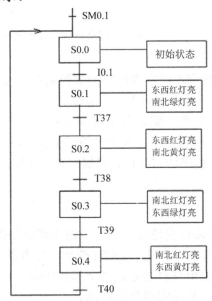

图 3.30　交通信号灯控制的顺序功能图

2. 梯形图程序

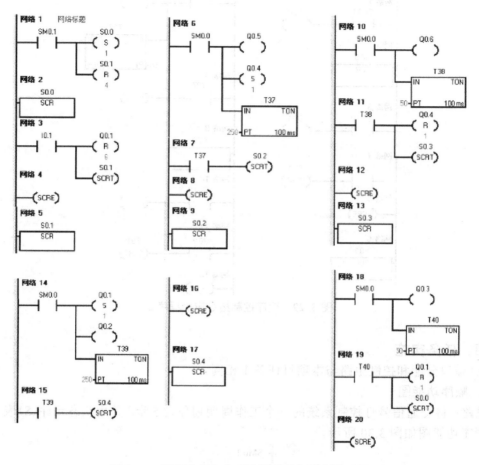

图 3.31　用顺序指令实现交通信号灯控制梯形图

3. 操作过程

① 认识 PLC 实验台，找到本次实训所用的实验面板，按图 3.18 所示，连接交通信号灯控制电路的接线图，检查无误后接通实验台电源。

② 打开计算机中的编程软件，编辑图 3.31 所示的控制程序后，下载给 PLC。

③ 使用编程软件的运行和停止按钮或者是拨动 PLC 的运行开关运行或停止程序。

④ 在运行状态下，打开程序状态监控，观察结果，反复调试，直至满足要求(与任务1相同)。

五、任务拓展

① 在本任务中，将十字路口交通灯，划分成四小部分如图 3.32 所示，每一步只点亮两盏灯，思路清晰，时间点也非常清楚，用顺序控制非常方便，但是步数较多、程序繁琐。而现在根据红灯亮的时间将整个过程划分为两个部分如图 3.33 所示，其他控制要求不变，请按照顺序控制设计该程序，并在实训台上实现。

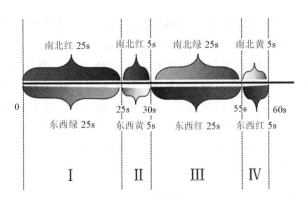

图 3.32　十字路口交通灯控制四步

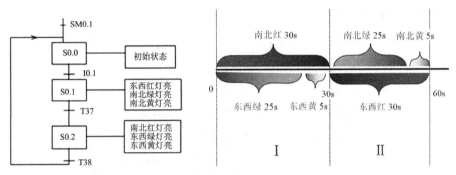

图 3.33　十字路口交通灯控制两步

② 用顺序控制编写舞台灯光控制程序，控制要求参考模块 2 中的相关叙述。

③ 用顺序指令设计机械手控制系统程序，机械手工作示意过程如图 3.34 所示。

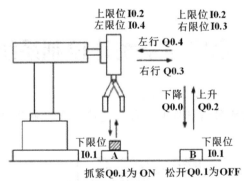

图 3.34　机械手工作示意图

机械手控制过程：初始状态时，机械手位于最左上角位置处，上限位行程开关 I0.2、左限位行程开关 I0.4 为 ON，机械手手爪处于放松状态，手爪电磁阀 Q0.1 为 OFF，称此位置为原点位置。按下启动按钮 SB1 后，机械手开始自动运行。机械手先下降，至 A 处下限位行程开关 I0.1 变为 ON 时，手爪电磁阀 Q0.1 变为 ON，抓紧工件，并在 0.5 秒后上升。上升到最上方，上限位行程开关 I0.2 为 ON 时，转为右行。到右限位行程开关 I0.3 为 ON 时，变为下降。下降到最低处，行程开关 I0.1 为 ON 时，机械手手爪松开，将工件放至 B 处。0.5 秒后重新上升，左行，回到原点位置处。注意，机械手只有在最上方时才能执行左右移动。左右行走电磁阀和升降电磁阀是双控电磁阀，如同触发器，如升降电磁阀，Q0.0 为 1，

Q0.2 为 0 时，机械手下降；Q0.0 为 0，Q0.2 为 1 时，机械手上升；Q0.0 和 Q0.2 都为 0 时，保持之前的动作状态；禁止 Q0.0 和 Q0.2 都为 1 的状态。

④ 用顺序指令设计液体混合控制系统程序，液体混合装置工作示意过程如图 3.35 所示。本装置为两种液体混合装置，SL1、SL2、SL3 为液面传感器，液体 A、B 阀门与混合液体阀门由电磁阀 YV1、YV2、YV3 控制，M 为搅动电机。控制要求如下：按下启动按钮 SB1，装置投入运行，液体 A、B 阀门关闭，混合液体阀门打开 20 秒，将容器放空后关闭；液体 A 阀门打开，液体 A 流入容器；当液面到达 SL2 时，SL2 接通，关闭液体 A 阀门，打开液体 B 阀门；液面到达 SL1 时，关闭液体 B 阀门，搅动电机开始搅动；搅动电机工作 6 秒后停止，混合液体阀门打开，放出混合液体；当液面下降到 SL3 时，SL3 由接通变为断开，再过 2 秒后，容器放空，混合液体阀门关闭；然后开始下一周期。按下停止按钮 SB2，完成当前流程后停止操作。

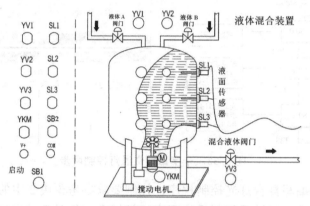

图 3.35　液体混合控制示意图

项目 3　仓库库量统计控制系统的设计

一、项目引入

如图 3.36 所示的仓库库量统计控制系统广泛应用在工业生产线中，它是一个较为典型的实训模型。

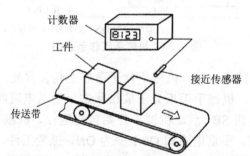

图 3.36　仓库库量统计控制系统示意图

仓库库量统计控制系统涉及工件计数和数码管显示、PLC 的数字量扩展等知识，主要考查对传感器和数码管等硬件设备接线设计能力及计数和数码管显示的编程调试能力。为了降低实现本项目的难度，按由简到繁的原则，把本项目分为两个任务，任务1主要介绍工件计数和1位数码管的设计；任务2主要介绍为实现2位数码管设计而进行PLC数字量扩展的方法。

二、项目要求

设计一种用PLC控制的仓库库量统计控制系统。控制要求：

① 用按钮动作模拟接近开关传感器检测工件信号。

② 传送带上工件个数统计，工件数小于100。

③ 工件数显示在数码管上。

④ 设置一个清零按钮，可以对计数值清零。

三、项目分析

① 工件计数，每按动一次按钮，工件数加1。

② 用数码管显示工件个数，每位数码管需要8个数字量输出口，2位数码管需要16位输出，因此需要扩展数字量输出口。

基于上面的分析把项目分为两个任务：

任务1：0～9库量统计显示。

任务2：00～99库量统计显示。

任务1　仓库库量(0～9)统计控制系统设计

一、任务目的

某工厂的一个仓库，能用数码管自动显示入库和出库物品的计数和库存量。若库存量超过9个，则报警指示灯闪烁。有一个清零按钮，可以对计数值清零。

二、任务分析

分硬件和软件两部分设计此PLC控制系统。硬件设计：输入方面包括1个开关量的入库传感器和1个开关量的出库传感器，输出方面包括一个直流警示灯和1个用来显示数字的共阴极7段数码管。软件设计：用一个计数器记录仓库库量，经段译码后送至数码管显示，并把计数器记录的仓库库量与设定值进行比较，利用比较结果控制报警灯输出。

三、知识链接

1. 计数器指令

计数器用来累计输入脉冲个数，主要由预置值寄存器、当前值寄存器和计数器状态位组成，使用方法和和基本结构与定时器基本相同，S7-200系列PLC主要有增计数器CTU、减计数器CTD和增/减计数器CTUD三类指令，如表3.12所示。

表3.12　计数器指令

指令名称	LAD	STL	功　　能
增计数器指令	Cxxx CU　　CTU R PV	CTU Cxx, PV	对输入信号上升沿进行计数，达到规定值时计数器位置位，当复位端有效时，计数器清零

指令名称	LAD	STL	功　　能
减计数器指令	Cxxx CD　CTD LD PV	CTD Cxx, PV	对输入信号上升沿进行计数，达到 0 值时计数器位置位，当复位端有效时，计数器恢复到设定值
增减计数器指令	Cxxx CU　CTUD CD R PV	CTUD Cxx, PV	在加计数端输入信号时，计数器当前值加 1，在减计数端输入信号时，计数器当前值减 1，达到规定值时，计数器位置位，当复位信号有效时，计数器被清零

【说明】

① CTU 指令：对于输入端的脉冲上升沿计数，如表 3.13 所示。首次扫描时，计数器位为 OFF，当前值为 0。在计数脉冲输入端 CU 的每个上升沿，计数器计数 1 次，当前值增加 1。当前值达到设定值 PV 时，计数器位变为 ON，当前值可继续计数到 32767 后停止计数。复位输入端有效或对计数器执行复位指令时，计数器复位，即计数器位为 OFF，当前值为 0。

表 3.13　增计数器指令应用程序及运行时序

指令表达形式	梯形图形式	时　序	操作数范围
CTU Cxx, PV CU　CTU R PV	I0.0　C4 CU CTU I0.1 R 4　PV C4　Q0.0	I0.0 ... I0.1 ... 计数器当前值 ... Q0.0	Cxx：常数，范围是 C0～C255 PV：设定值，最大取值是 32767

② CTD 指令：对输入端的脉冲上升沿计数，如表 3.14 所示。首次扫描时，计数器位为 OFF，当前值为预设定值 PV。对计数脉冲输入端 CD 的每个上升沿，计时器计数 1 次，当前值减少 1。当前值减少到 0 时，计时器位变为 ON，对当前值停止计数，保持为 0。复位输入端有效或对计数器执行复位命令时，计数器复位，即计数器位为 OFF，当前值复位为设定值。

表 3.14　减计数器指令应用程序及运行时序

指令表达形式	梯形图形式	时　序
CTD Cxx, PV CD　CTD LD PV	I0.0　C5 CD CTD I0.1 LD 4　PV C5　Q0.0	I0.0 ... I0.1 ... 计数器当前值 ... Q0.0

③ CTUD 指令：根据两个脉冲输入端的端口不同，完成不同的功能，如表 3.15 所示。输入端 CU 用于增计数，输入端 CD 用于减计数。首次扫描时，计数器位为 OFF，当前值

为 0。对 CU 输入的每个上升沿，计时器当前值增加 1；对 CD 输入的每个上升沿，计数器当前值减少 1。当前值达到设定值时，计数器位变为 ON。增减计数器当前值计数到 32767（最大值）后，下一个 CU 输入的上升沿将使当前值跳变为最小值-32768；当前值达到最小值-32768 后，下一个 CD 输入的上升沿将使当前值跳变为最大值 32767。复位输入端有效或使用复位指令对计数器执行复位操作后，计数器复位，即计数器位为 OFF，当前值为 0。

表 3.15　增减计数器指令应用程序及运行时序

指令表达形式	梯形图形式	时　序
CTUD Cxx, PV ┤CU　CTUD ┤CD ┤R ┤PV	I0.0 — CU CTUD　C6 I0.1 — CD CTD I0.2 — R 3 — PV C6 — Q0.0	I0.1 I0.0 I0.2 计数器当前值 Q0.0

【例 3.6】编写 1 分钟计时程序，1 分钟后 Q0.1 输出 1，2 分钟后 Q0.2 输出 1，注意计数器的当前计数值为整型数据，梯形图如图 3.37 所示。

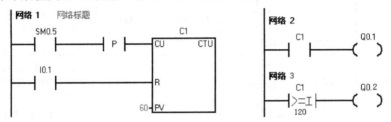

图 3.37　计数器指令的应用

2. 数据类型转换指令

PLC 中的主要数据类型包括字节、整数、双整数和实数，主要的码制有 BCD 码、十进制数据、ASCII 码和字符串等。不同性质的指令对操作数的类型要求不同，因此在使用指令之前，需要将操作数转化成相应的类型，数据转换指令就用来完成这样的任务。在本任务中，要把计数器的当前值经 7 段显示译码指令译码后送输出口显示，因为计数器的当前值数据类型为整型，7 段显示译码指令输入端数据类型为字节型，所以必须把计数器的值转换为字节型数据后才能被译码，数据类型转换指令格式如表 3.16 所示。

表 3.16　数据类型转换指令

指令名称	LAD	STL	功　能
BCD 码转换为整数指令	BCD_I ┤EN　ENO├ ┤IN　OUT├	BCDI IN, OUT	将 IN 端的 BCD 码转换成整数，并将结果送到 OUT 输出
整数转换为 BCD 码指令	I_BCD ┤EN　ENO├ ┤IN　OUT├	IBCD IN, OUT	将 IN 端的整数转换成 BCD 码，并将结果送到 OUT 输出

指令名称	LAD	STL	功　能
字节转换为整型指令	B_I EN ENO IN OUT	BTI IN, OUT	将 IN 端的字节值转换为一个字整数，并将结果送到 OUT 输出
整型转换为字节指令	I_B EN ENO IN OUT	ITB IN, OUT	将 IN 端的字整数转换为一个字节，并将结果送到 OUT 输出
整数转换为双字整数指令	I_DI EN ENO IN OUT	ITD IN, OUT	将 IN 端的整数转换为一个双字整数，并将结果送到 OUT 输出
双字整数转换为整数指令	DI_I EN ENO IN OUT	DTI IN, OUT	将 IN 端的双字整数转换为一个整数，并将结果送到 OUT 输出
双字整数转换为实数指令	DI_R EN ENO IN OUT	DTR IN, OUT	将 IN 端 32 位整数转换为 32 位实数，并将结果送到 OUT 输出
实数转换为双字整数指令	ROUND EN ENO IN OUT	ROUND IN, OUT	将 IN 端 32 位实数转换为一个双字整数，实数的小数部分四舍五入，并将结果送到 OUT 输出
实数转换为双字整数指令	TRUNC EN ENO IN OUT	TRUNC IN, OUT	将 IN 端 32 位实数转换为一个双字整数，仅实数的整数部分被转换，小数部分被舍掉，并将结果送到 OUT 输出

① BCD 码与整数转换时，要注意数据的范围，因为 BCD 码的允许范围为 0～9999，如果转换后的数据超出允许范围，溢出标志 SM0.1 将被置为 1。

② 字节型与字型数据转换时，输入的数据范围为 0～255，若超出这个范围，则会造成溢出。

③ 整数与双字整数转换时，要注意从双字整数转换成整数时，双字整数的数据不能超过 16 位，否则会产生溢出。

④ 双字整数与实数转换时，数据的长度没有变化，但是转换规则与前面几种不同，双字整数转换成实数时，数据位数没有变化；实数转换成双字整数时，实数的小数部分分为四舍五入或全部舍去两种情况。

四、任务实施

1. 输入、输出地址分配

仓库库量统计控制系统 I/O 分配如表 3.17 所示。

表 3.17　仓库库量统计控制系统 I/O 分配表

输入信息			输出信息		
名　称	文字符号	输入地址	名　称	文字符号	输出地址
入库传感器	B1	I0.0	库存量显示数码管	LED	QB0
出库传感器	B2	I0.1	报警指示灯	L	Q1.0
清零按钮	SB1	I1.0			

2. 控制电路图

仓库库量统计控制系统电路如图 3.38 所示。

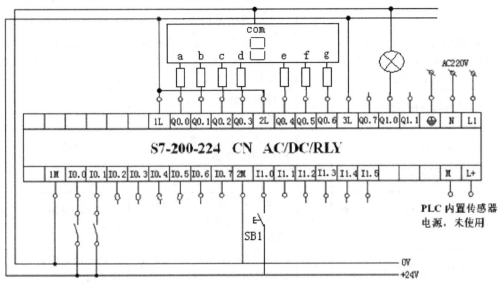

图 3.38　仓库库量(0～9)控制系统电路图

3. 梯形图程序

仓库库量统计控制系统的梯形图如图 3.39 所示。

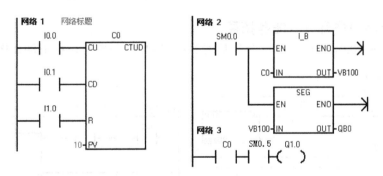

图 3.39　仓库库量(0～9)控制系统梯形图

4. 操作过程

① 认识 PLC 实验台，找到本次实训所用的实验面板，按照图 3.38 所示电路连接仓库库量统计控制系统电路，注意与实验面板的对应，检查无误后，接通实验台电源。

② 打开计算机中的编程软件，编辑图 3.39 所示的控制程序后，下载给 PLC。

③ 使用编程软件的运行和停止按钮或者是拨动 PLC 的运行开关运行或停止程序。

④ 在运行状态下，打开程序状态监控，观察结果，反复调试，直至满足要求。

五、任务验收

对任务完成情况进行验收与评价，验收与评价要求见表 3.18。

表 3.18　验收与评价表

内　容	满分	评分要求	备　注
1. 制定工作计划	5	制定的计划简练全面	每少一项扣 1 分
2. 主电路设计	5	主电路接线准确	每错一处扣 1 分
3. 正确选择输入输出设备及地址并画出 I/O 接线图及实际电气柜布置走线说明	15	设备及端口地址选择正确，接线图正确、标注完整，电气柜整体布局合理	输入输出每错一个扣 5 分，接线图每少一处标注扣 1 分
4. 正确编制梯形图程序	15	梯形图格式正确、逻辑关系正确，能准确完成控制任务	学生互评
5. 学生提问答辩	15	板书(正确、工整)，回答问题(正确、简练)	学生互评
6. 外部接线正确	10	I/O 信号线接线正确	每错一处扣 5 分
7. 准确写入程序并进行整体调试及技能操作	15	操作步骤正确，动作熟练。(允许根据输出情况进行反复修改。)	若有违规操作，每次扣 5 分
8. 运行结果及口试答辩	5	程序运行结果正确、表述清楚，口试答辩正确	对运行结果表述不清楚者扣 3 分
9. 出勤纪律	5	满勤、主导作用强	视情况评分
10. 拓展项目实现	10	拓展项目有效实现	每个项目演示成功得 5 分，否则为 0 分

六、综合能力提升——任务拓展

① 打开开关 I0.0，10 小时 45 分钟后 Q0.0 输出高电平信号，梯形图如图 3.40 所示。

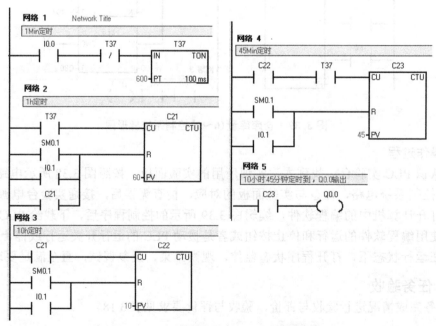

图 3.40　定时器扩展应用—长时间定时

② I0.0 上出现 200000 次脉冲后，Q0.0 输出高电平信号，梯形图如图 3.41 所示。

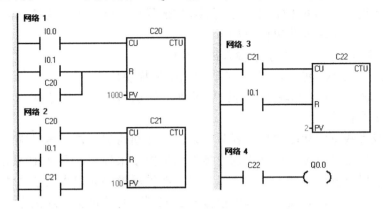

图 3.41　计数器扩展应用—大数据计数

③ 用计数器与比较指令设计一个在 24 小时内可设定定时时间的住宅控制器的控制程序(以 15 分钟为一个设定单位)，控制要求如下：

※ 早晨 6:30，闹钟每秒钟响一次，10 秒后自动停止。

※ 9:00～17:00，启动住宅报警系统。

※ 18:00，打开住宅照明系统。

※ 22:00，关闭住宅照明系统。

【提示】利用特殊辅助继电器和计数器串联来实现要求，并假设在 0:00 启动定时器。

任务 2　仓库库量(00～99)统计控制系统设计

一、任务目的

某工厂的一个仓库，能用数码管自动显示入库和出库物品的计数和库存量。若库存量超过 99 个，则报警指示灯闪烁。设置一个清零按钮，可以把库量值清零。

二、任务分析

与任务 1 相比，库存量变为 00～99 个，在硬件设计上就需要 2 个数码管来显示 2 位十进制数。按照任务 1 的接线法，每位数码管需要 7 个输出位，加一个报警灯，则需要 15 位输出，实训设备中选用的 S7-200 系列 CPU224 PLC 只有 10 位输出，因此需要扩展数字量输出口。软件设计方面，还是用一个计数器记录仓库库量，把仓库库量(2 进制表示的 100 以内的整数)转换为 2 位十进制(BCD 码)，再分别译码显示，利用计数器的值控制报警灯。

三、知识链接

1. S7-200 系列 PLC 的扩展模块

S7-200 系列 PLC 的 CPU 上已经集成了一定数量的数字量 I/O 点，但如果用户需要更多的 I/O 点或执行特殊的功能，就必须连接扩展模块(CPU221 无扩展能力)。扩展模块主要有：数字量 I/O 扩展模块、功能扩展模块。

（1）数字量 I/O 扩展模块

用户可以选用具有不同 I/O 点数的数字量扩展模块，满足不同的控制需要，以节约投资费用。典型的数字量输入输出模块如下：

① EM221（8 点 24V DC 数字量输入扩展模块）。

② EM222（8 点 24V DC 数字量晶体管输出扩展模块）。

③ EM223（数字量输入和输出混合扩展模块，有 8、16、32 点三种）。

（2）功能扩展模块

当需要完成某些特殊功能的控制任务时，CPU 主机可以扩展特殊功能模块。如在工业控制中某些输入量是模拟量，执行机构也需要由模拟量来控制，而 PLC 只能处理数字量。这就需要把传感器或者变送器送来的模拟量经功能扩展模块处理成数字量传给主机，再由主机通过特殊的功能模块处理后，输出模拟量去控制现场的设备。连接方式与数字量模块相同。典型的功能扩展模块有：

① 模拟量输入扩展模块 EM231，有三种形式：4 路模拟量输入（12 位 A/D），2 路热电阻输入和 4 路热电偶输入。

② 模拟量输出扩展模块 EM232，有 2 路模拟量输出。

③ 模拟量输入/输出扩展模块 EM235，有 4 路模拟量输入（12 位 A/D）和 1 路模拟量输出（占用 2 路输入地址）。

④ 特殊功能模板，有 EM253 位置控制模板、EM277Profibus-DP 通信模板、EM241 调制解调器模板、CP243-1 工业以太网通讯模板等。

主机单元通过其右侧的 I/O 扩展端子，用总线连接器与扩展单元的扩展接口相连接。扩展单元正常工作需要+5V 工作电源，此电源由主机单元通过总线连接器提供，扩展单元的 24V DC 输入点和输出点电源可以由主机单元的 24V DC 电源供电，但要注意主机单元所提供的最大电流能力，也可以使用外部 24V DC 电源供电。

（3）电源计算

每个实际项目都要对电源容量进行规划计算。不同规格的 CPU 提供 5V DC 和 24V DC 电源的容量不同。每个 CPU 模块都有一个 24V DC 传感器电源，它为本机输入点和扩展模块继电器线圈提供 24V DC。如果电源需求超出 CPU 24V DC 的供电能力，可增加一个外部的 24V DC，给扩展模块继电器线圈供电。CPU 还要为扩展模块提供 5V 电源，如果扩展模块的 5V 电源需求超出 CPU 的供电能力，就必须减少扩展模块数量或选择一个供电能力更强的 CPU。

（4）I/O 点数扩展和编址

编址就是对 I/O 模块上的 I/O 点进行编码，以便执行程序时可以唯一地识别每一个 I/O 点。每个扩展模块的地址取决于该模块的类型和该模块在 I/O 链中的位置，地址随离主机距离的递增而递增，是否有其他类型的模块或者其他类型模块所处的位置都不影响本类型模块的编址。

① 数字量 I/O 编址以字节（8 位）为单位，由标志域（I 或 Q）、字节号和位号三个部分组成，在字节号和位号之间以 "." 间隔，习惯上称为字节位编址。每个 I/O 点有唯一的识别地址，例如：I0.0、Q0.0 等。

② 模拟量 I/O 编址以字（16 位）为单位。在读写模拟量信息时，模拟输入和输出按字单位读写。模拟输入只能进行读操作，而模拟输出只能进行写操作，每个模拟输入和输出

都是一个模拟端口。模拟端口的地址由标志域(AI/AQ)、数据长度标志(W)以及字节地址(0～30之间的十进制偶数)组成。模拟端口的地址从0开始，以2递增(如AIW0、AIW2、AIW4等)，对模拟端口不允许奇数编址。

③ 扩展模块的编址，由扩展模块I/O端口的类型及其在扩展I/O链中的位置决定。扩展模块的编址由左至右依次排序。扩展模块的数字量I/O点编址以字节为编址形式，扩展模块的模拟量I/O编址仍以字长(16位)为单位。

综上所述，S7-200对I/O编址的基本规则为：

① 同类型输入或输出点的模块在链中按与主机的位置而递增。

② 其他类型模块的有无以及所处的位置不影响本类型模块的编号。

③ 对于数字量，输入输出映像寄存器单位长度为8位(1个字节)，本模块高位实际位数未满8位的，末位不能分配给I/O的后续模块。

④ 对于模拟量，输入输出以2字节(1个字)递增方式分配空间。

S7-200系列PLC的I/O编址如表3.19所示。

表3.19　西门子S7-200 I/O编址

信息类型	CPU 221	CPU 222	CPU 224	CPU 226
I(数字量输入)	0.0～15.7	0.0～15.7	0.0～15.7	0.0～15.7
Q(数字量输出)	0.0～15.7	0.0～15.7	0.0～15.7	0.0～15.7
M(中间标志位)	0.0～31.7	0.0～31.7	0.0～31.7	0.0～31.7
C(计数器)	0～255	0～255	0～255	0～255
T(计时器)	0～255	0～255	0～255	0～255
AIW(模拟输入字)		0～30	0～30	0～30
AQW(模拟输出字)		0～30	0～30	0～30

【例3.7】某一控制系统选用CPU 224，系统所需的I/O点数为：24个数字量输入点、20个数字量输出点、6个模拟量输入点和两个模拟量输出点，请给出以上系统的配置方案。

解析：本系统有多种不同的配置方案，每种组态中各模块在I/O链中的位置排列方式也可能有多种。硬件配置时首先应确定CPU是否需要扩展。CPU 224主机本身有14个输入点和10个输出点，没有模拟输入点和模拟输出点。根据本控制系统的要求，需要对CPU 224主机进行扩展。扩展点数计算如下：

需要扩展的数字输入点个数：24-14=10。

需要扩展的数字输出点个数：20-10=10。

需要扩展的模拟输入点个数：6-0=6。

需要扩展的模拟输出点个数：2-0=2。

下面给出两种硬件组态方案，并进行分析。

方案1：

EM221(8I)×2　　EM222(8O)×2　　EM231(4AI)×2　　EM232(2AO)×2

方案2：

EM221(8I)×1　　EM222(8O)×1　　EM223(4I4O)×1　　EM235(4AI4AO)×2

因为CPU 224最多可以扩展7个扩展模块，所以以上两个方案都满足要求，另外CPU 224的数字I/O映像点数为128/128，模拟I/O映像点数为32/32，所以整个系统的I/O点数

也满足要求。

下面分析扩展模块所消耗的电流。表 3.20 给出了各扩展模块所消耗的电流，可得两种方案中扩展模块所消耗的电流如表 3.21 所示。

表 3.20　扩展模块所消耗的电流

模块编号	扩展模块型号	模块消耗电流（mA）
1	EM221 DI8×D24V	30
2	EM222 DO8×DC24V	50
3	EM222 DO8×继电器	40
4	EM223 DI4/DO4×DC24V	40
5	EM223 DI4/DO4×DC24V/继电器	40
6	EM223 DI8/DO8×DC24V	80
7	EM223 DI8/DO8×DC24V/继电器	80
8	EM223 DI16/DO16×DC24V	160
9	EM223 DI16/DO16×DC24V/继电器	150
10	EM231 AI4×12 位	20
11	EM231 AI4×热电耦	60
12	EM231 AI4×RTD	60
13	EM232 AQ2×12 位	20
14	EM235 AI4/AQ1×12 位	30
15	EM277 PROFIBUS-DP	150

表 3.21　两种扩展模块方案消耗电流计算

方案 1		方案 2	
30×2＝60mA	50×2＝100mA	30×1＝30mA	50×1＝50mA
20×2＝40mA	20×1＝20mA	40×1＝40mA	30×2＝60mA
合计：220mA<660mA		合计：180mA<660mA	

通过查 S7-200 的手册，可得到 S7-200CPU 5V 直流逻辑电源最大供电能力为 660mA。由以上分析可知，两种方案都满足系统要求。

图 3.42 所示为方案 2 的一种模块连接方式，表 3.22 所示为其对应的各模块的编址情况。

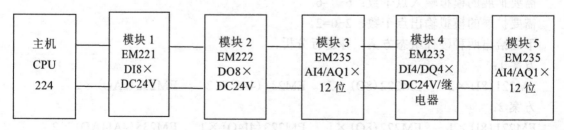

图 3.42　方案 2 的模块连接方式

表 3.22　与图 3.42 对应的模块编址

主机 I/O	模块 1 I/O	模块 2 I/O	模块 3 I/O	模块 4 I/O	模块 5 I/O
I0.0　Q0.0	I2.0	Q2.0	AIW0　AQW0	I3.0　Q3.0	AIW8　AQW2
I0.1　Q0.1	I2.1	Q2.1	AIW2	I3.1　Q3.1	AIW10
I0.2　Q0.2	I2.2	Q2.2	AIW4	I3.2　Q3.2	AIW12
I0.3　Q0.3	I2.3	Q2.3	AIW6	I3.3　Q3.3	AIW14
I0.4　Q0.4	I2.4	Q2.4			
I0.5　Q0.5	I2.5	Q2.5			
I0.6　Q0.6	I2.6	Q2.6			
I0.7　Q0.7	I2.7	Q2.7			
I1.0　Q1.0					
I1.1　Q1.1					
I1.2					
I1.3					
I1.4					
I1.5					

2. 移位指令

计数器中的计数值，经过整数到 BCD 码的转换，可以变为 4 位压缩 BCD 码。在本任务中，因为计数值在 100 以内，所以只取后 2 位即可，这 2 位 BCD 码存储在 1 个字节中，十位数字占字节的高 4 位，个位数字占字节的低 4 位，而 7 段显示译码指令 SEG 是对输入数据的低 4 位译码，因此要想对十位数字进行译码显示，就要先把高 4 位的十位数字移动到低 4 位上。

移位操作指令都是对无符号数进行处理，包括移位指令、循环移位指令和寄存器移位指令，执行时只考虑要移位的存储单元的每一位数字状态，而不管数据值的大小。该类指令在一个数字量输出点对应多个相对固定状态的情况下有广泛的应用。

（1）左移和右移指令

移位指令包括左移指令和右移指令两种，根据所移位数的长度分别又分为字节型、字型和双字型。移位数据存储单元的移出端与 SM1.1 相连，移位时，移出位进入 SM1.1，另一端自动补 0。SM1.1 始终存放最后一次被移出的位，移位次数与移位数据的长度有关，如果所需移位次数大于移位数据的位数，则超出次数无效。如果移位操作使数据变为 0，则 SM1.0 自动置位。左移和右移指令如表 3.23 和表 3.24 所示。

表 3.23　左移指令

指令名称	LAD	STL	功　能
字节左移指令	SHL_B EN　ENO IN　OUT N	SLB OUT, N	移位数据长度为字节，将 IN 端数据左移 N 位，并将结果送到 OUT 输出
字左移指令	SHL_W EN　ENO IN　OUT N	SLW OUT, N	移位数据长度为字，将 IN 端数据左移 N 位，并将结果送到 OUT 输出

指令名称	LAD	STL	功　能
双字左移指令	SHL_DW EN　ENO IN　OUT N	SLD OUT, N	移位数据长度为双字， 将 IN 端数据左移 N 位， 并将结果送到 OUT 输出

表 3.24　右移指令

指令名称	LAD	STL	功　能
字节右移指令	SHR_B EN　ENO IN　OUT N	SRB OUT, N	移位数据长度为字节， 将 IN 端数据右移 N 位， 并将结果送到 OUT 输出
字右移指令	SHR_W EN　ENO IN　OUT N	SRW OUT, N	移位数据长度为字，将 IN 端数据右移 N 位，并 将结果送到 OUT 输出
双字右移指令	SHR_DW EN　ENO IN　OUT N	SRD OUT, N	移位数据长度为双字， 将 IN 端数据右移 N 位， 并将结果送到 OUT 输出

【例 3.8】某设备有 8 台电动机，为了减小电动机同时启动对电源的影响，利用移位指令实现间隔 1 秒的顺序通电控制。按下停止按钮时，同时停止工作，梯形图如图 3.43 所示。（程序的网络 5 中的 WOR_B 指令的功能是对 IN1 和 IN2 两个字节按位相或，得到结果由 OUT 输出。）

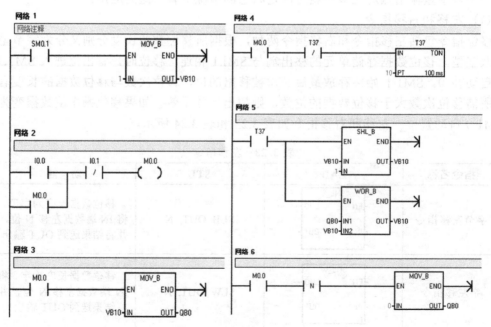

图 3.43　移位指令的应用

（2）循环移位指令

循环移位指令包括循环右移指令和循环左移指令两种，根据所移位数的长度又分为字节型、字型和双字型。循环移位数据存储单元的移出端与另一端相连，同时又与溢出位 SM1.1 相连。所以最后移出的位被移到另一端的同时，也被放到 SM1.1 位存储单元。移位次数与移位数据的长度有关，如果移位次数设定值大于移位数据的位数，则在执行循环移位之前，系统先对设定位取以数据长度为底的模，用小于数据长度的结果作为实际循环移位的次数。如果移位操作使数据变为 0，则零存储器位 AM1.0 自动置位。循环移位指令如表 3.25 和表 3.26 所示。

表 3.25　循环左移指令

指令名称	LAD	STL	功　能
字节循环左移指令	ROL_B〔EN ENO / IN OUT / N〕	RLB OUT, N	移位数据长度为字节，将 IN 端数据循环左移 N 位，并将结果送到 OUT 输出
字循环左移指令	ROL_W〔EN ENO / IN OUT / N〕	RLW OUT, N	移位数据长度为字，将 IN 端数据循环左移 N 位，并将结果送到 OUT 输出
双字循环左移指令	ROL_DW〔EN ENO / IN OUT / N〕	RLD OUT, N	移位数据长度为双字，将 IN 端数据循环左移 N 位，并将结果送到 OUT 输出

表 3.26　循环右移指令

指令名称	LAD	STL	功　能
字节循环右移指令	ROR_B〔EN ENO / IN OUT / N〕	RRB OUT, N	移位数据长度为字节，将 IN 端数据循环右移 N 位，并将结果送到 OUT 输出
字循环右移指令	ROR_W〔EN ENO / IN OUT / N〕	RRW OUT, N	移位数据长度为字，将 IN 端数据循环右移 N 位，并将结果送到 OUT 输出
双字循环右移指令	ROR_DW〔EN ENO / IN OUT / N〕	RRD OUT, N	移位数据长度为双字，将 IN 端数据循环右移 N 位，并将结果送到 OUT 输出

【例 3.9】现有 8 个灯，要求按下启动按钮 I0.0 后，这些灯以 0.5 秒的时间间隔轮流点亮。按下停止按钮 I0.1 时，停止工作。梯形图和指令表如图 3.44 所示。

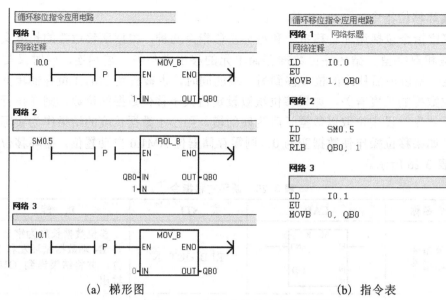

(a) 梯形图   (b) 指令表

图 3.44 循环移位指令的应用

(3) 移位寄存器指令

移位寄存器指令可以将一个数值移入移位寄存器中，它提供了一种排列和控制产品流或者数据的简单方法。移位寄存器指令如表 3.27 所示。

表 3.27 移位寄存器指令

指令名称	LAD	STL	功　能
移位寄存器指令	SHRB EN　ENO DATA S_BIT N	SHRB DATA, S_BIT, N	根据 N 的正负，将数据位 DATA 移入寄存器的最低位或最高位，寄存器的其他位依次左移或右移一位

【说明】

① DATA 为移位寄存器的数据输入端；S_BIT 为移位寄存器的最低位；N 为移位寄存器的长度，其最大值为 64。N>0 时为正向移位，即从最低位向最高位移位；N<0 时为反向移位，即从最高位向最低位移位。

② 当使能输入端 EN 有效时，如果 N>0，则在每个 EN 前沿，将数据输入端 DATA 的值移入移位寄存器的最低位 S_BIT；如果 N<0，则在每个 EN 的前沿，将数据输入端 DATA 的值移入移位寄存器的最高位，移位寄存器的其他位按照 N 指定的方向（正向或反向），依次串行移位。

③ 移位寄存器的组成由 S_BIT 和 N 共同决定。如 S_BIT=V5.1，N=6，则移位寄存器由 V5.1～V5.6 组成。

④ 移位寄存器指令对特殊存储器位 SM1.1 及 SM1.0 的影响与移位指令相同。

⑤ 使用移位寄存器指令时，在每个扫描周期内，整个移位寄存器移动 1 位，所以要用微分操作指令来控制 EN 端的状态，否则该指令就失去了应用的意义。

【例 3.10】例 3.9 中灯的控制也可以通过移位寄存器指令实现，梯形图如图 3.45 所示。

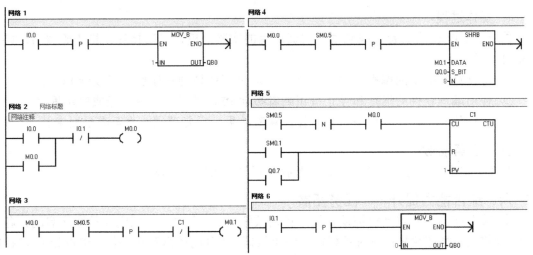

图 3.45　移位寄存器指令的应用

四、任务实施

1. 输入、输出地址分配

仓库库量统计控制系统输入输出地址分配如表 3.28 所示。

表 3.28　仓库库量统计控制系统 I/O 分配表

输入信息			输出信息		
名　称	文字符号	输入地址	名　称	文字符号	输出地址
入库传感器	B1	I0.0	库存量个位显示	LED 1	QB0
出库传感器	B2	I0.1	库存量十位显示	LED 2	QB2
清零按钮	SB1	I1.0	报警指示灯		Q1.0

2. 控制电路

请读者思考后，自行设计仓库库量统计控制电路。

3. 梯形图程序

仓库库量统计控制系统的梯形图如图 3.46 所示。

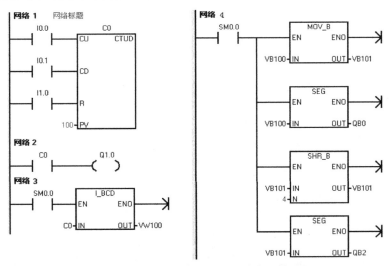

图 3.46　仓库库量统计控制系统的梯形图

4. 操作过程

① 认识 PLC 实验台，找到本次实训所用的实验面板，正确接线，检查无误后，接通实验台电源。

② 打开计算机中的编程软件，编辑图 3.46 所示的控制程序后，下载给 PLC。

③ 使用编程软件的运行和停止按钮或者拨动 PLC 的运行开关运行或停止程序。

④ 运行状态下，打开程序状态监控，观察结果，反复调试，直至满足要求。

五、任务验收

对任务完成情况进行验收与评价，验收与评价要求同表 3.18。

六、综合能力提升——任务拓展

① 某车床由 3 台电动机拖动，按下启动按钮后，3 台电动机间隔 5 秒顺序启动，各运行 10 秒停止，循环往复；任何时刻按下停止按钮，3 台电动机停止工作。请设计 PLC 控制系统，用传送、比较指令完成程序设计。

② 有 8 个小灯，按启停按钮后，8 个小灯循环点亮，循环点亮的间隔时间为 1 秒；再按启停按钮，小灯全部熄灭。分别设计左循环点亮和右循环点亮的控制系统，用移位指令完成程序设计。

③ 有 10 个小灯，按启停按钮后，10 个小灯循环点亮，循环点亮的间隔时间为 1 秒；再按启停按钮，小灯全部熄灭。分别设计左循环点亮和右循环点亮的控制系统，用移位指令完成程序设计。

④ 一个控制系统如果需要 12 点数字量输入，30 点数字量输出，则：

※ 可以选用哪种主机型号？

※ 如何选择扩展模块？

※ 画出各模块与主机的连接图。

※ 按照连接图，列出主机和各模块的地址分配。

模块 4

PLC 运动控制系统的设计

项目 1　用 PLC 控制步进电机

一、项目目的

步进电机是生产机械上常用的一种运动部件，它控制方便，定位准确。通过PLC和步进电机组合，可以很方便地构成步进电机运动控制系统，从而完成各种精确的控制目的。

二、知识链接

步进电机和生产机械的连接有很多种，常见的一种是步进电机和丝杠连接，将步进电机的旋转运动转变成工作台面的直线运动。

在这种应用中，关系运动直接后果的参数有以下几个。

N：PLC发出的控制脉冲的个数。

n：步进电机驱动器的脉冲细分数(如果步进电机驱动器有脉冲细分驱动)。

θ：步进电机的步距角，即步进电机每收到一个脉冲变化，它的轴所转过的角度。

d：丝杠的螺纹距，它决定了丝杠每转过一圈，工作台面前进的距离。

根据这些参数，可以得到以下结果，PLC发出N个脉冲，工作台面移动的距离为：

$$L = \frac{ND\theta}{360n}°$$

为了使PLC和步进电机配合实现运动控制，还需要在PLC内部进行一系列设定，或编制一定的程序。不同类型的PLC所编制的程序不同，控制字也不同。另外，步进电机要用高速脉冲控制，所以PLC必须是可以输出高速脉冲的晶体管输出形式，不能使用继电器输出形式的PLC来控制步进电机。对于西门子CPU226来说，只有数字量输出点Q0.0和Q0.1输出高速脉冲列和脉冲宽度可调的波形，因此对于步进电机的接线方式来说，脉冲端CP只能与Q0.0或Q0.1连接。习惯上一般用Q0.2控制步进电机的方向。步进电机的公共端接电源输出的正端。

1. 步进电机的工作原理

步进电机是数字控制系统中的执行电动机，当系统将一个电脉冲信号加到步进电机定子绕组上时，转子就转一步，当电脉冲按某一相序加到电动机上时，转子沿某一方向转动的步数等于电脉冲个数。因此，改变输入脉冲的数目就能控制步进电动机转子机械位移的大小；改变输入脉冲的通电相序，就能控制步进电动机转子机械位移的方向，实现位置的控制。当电脉冲按某一相序连续加到步进电机上时，转子以正比于电脉冲频率的转速沿某一方向旋转。因此，改变电脉冲频率大小和通电相序，就能控制步进电动机的转速和转向，实现大范围内速度无级平滑控制。步进电动机的这种控制功能是其它电动机无法替代的。

步进电动机可分为磁阻式、永磁式和混合式，其相数可分为单相、二相、三相、四相、五相、六相和八相等多种。增加相数能提高步进电动机的性能，但电动机的结构和驱动电源会变得复杂，成本也就会增加，因此应按需要合理选用。

2. 步进电机驱动系统的基本组成

与交直流电动机不同，仅仅接上供电电源，步进电机还不会运行。为了驱动步进电动机，必须由一个决定电动机速度和旋转角度的脉冲发生器、一个使电动机绕组电流按规定次序通断的脉冲分配器、一个保证电动机正常运行的功率放大器，以及一个直流电源等组成一个驱动系统，如图4.1所示。

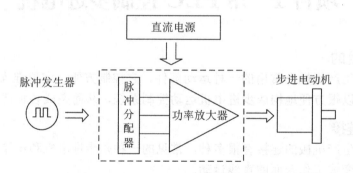

图4.1 步进电机驱动系统的结构

3. 步进电动机的选择

在选择步进电动机的品种时，要综合考虑速比i、轴向力F、负载转矩T、额定转矩TN和运行频率f，以确定步进电机的具体规格和控制装置。

4. 步进电机驱动器的原理与选择

步进电机的运行要有一个电子装置进行驱动，这种装置就是步进电机驱动器，它用来把控制系统发出的脉冲信号转化为步进电机的角位移，或者说控制系统每发一个脉冲信号，就通过驱动器使步进电机旋转一步距角。所以步进电机的转速与脉冲信号的频率成正比。所有型号驱动器的输入信号都相同，共有三路信号，它们分别是：步进脉冲信号CP、方向电平信号DIR、脱机信号FREE（该端为低电平有效，这时电机处于无力矩状态；该端为高电平或悬空不接时，此功能无效，电机可正常运行）。它们在驱动器内部的接口电路都相同，见图4.2。OPTO端为三路信号的公共端，三路输入信号在驱动器内部接成共阳方式，所以OPTO端须接外部系统的VCC，如果VCC是+5V则可直接接入；如果VCC不是+5V则需在外部另加限流电阻R，保证给驱动器内部光耦提供8～15mA的驱动电流。外围提供电平为24V，而输入部分的电平为5V，所以外部需另加1.kΩ的限流电阻R。

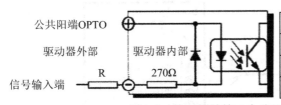

信号幅值	外接限流电阻R
5V	不加
12V	880Ω
24V	1.8kΩ

图4.2　输入信号接口电路及外接限流电阻R

步进电机驱动器的输出信号有两种：初相位信号和报警输出信号。

初相位信号：驱动器每次上电后将使步进电机起始在一个固定的相位上，这就是初相位。初相位信号是指步进电机每次运行到初相位期间，此信号就输出为高电平，否则为低电平。此信号和控制系统配合使用，可产生相位记忆功能。其接口见图4.3。

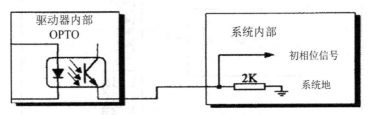

图4.3　初相位信号接口电路

报警输出信号：每台驱动器都有多种保护措施(如：过压、过流、过温等)。当保护发生时，驱动器进入脱机状态使电机失电，但这时控制系统可能尚不知晓。如要通知系统，就要用到"报警输出信号"。此信号占两个接线端子，两端为一继电器的常开点，报警时触点立即闭合。驱动器正常时，触点为常开状态。触点规格：DC24V/1A或AC11OV/0.3A。

一般来说，对于两相四根线电机，可以直接和驱动器相连，见图4.4。

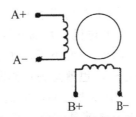

图4.4　电机与驱动器接线图

例如北京斯达特机电科技发展有限公司生产的SH系列步进电动机驱动器(型号为SH-2H057)，主要由电源输入部分、信号输入部分、输出部分组成。

此步进电机驱动器的电气技术数据如表4.1所示。

表4.1　SH系列步进电动机驱动器的电气技术数据

驱动器型号	相数	类别	细分数 通过拨位开关设定	最大相电流 开关设定	工作电源
SH-2H057	二相或四相	混合式	二相八拍	3.0A	一组直流DC(24V～40V)

步进电机驱动器接线示意如图4.5所示。

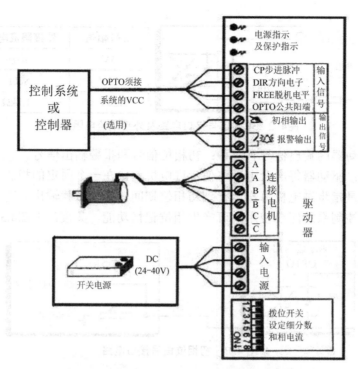

图4.5　SH系列步进电动机驱动器接线示意图

① 细分数的设定：要了解"细分"，先要弄清"步距角"这个概念，它表示控制系统每发一个步进脉冲信号，电机所转动的角度。SH系列驱动器靠驱动器上的拨位开关设定细分数，只需根据面板上的提示操作即可设定。在系统频率允许的情况下，应尽量选用高细分数。

对于两相步进电机，细分后电机的步距角等于电机的整步步距角除以细分数，例如细分数设定为40、驱动步距角为0.9°/1.8°的电机，其细分步距角为1.8°÷40=0.045°。可以看出，步进电机通过细分驱动器的驱动，其步距角变小了，如驱动器工作在40细分状态时，其步距角只为电机固有步距角的几十分之一，也就是说：当驱动器工作在不细分的整步状态下驱动上例的电机时，控制系统每发一个步进脉冲，电机转动1.8°；而用细分驱动器工作在40细分状态时，电机只转动了0.045°，这就是细分的基本概念。驱动器细分后将对电机的运行性能产生质的飞跃，但是这一切都是由驱动器本身产生的，和电机及控制系统无关。在使用时，唯一需要注意的是步进电机步距角的改变，它将对控制系统所发出的步进信号的频率产生影响；因为细分后步进电机的步距角变小，要求步进信号的频率应相应提高。

② 电机相电流的设定：SH系列驱动器靠驱动器上的拨位开关设定电机的相电流，只需根据面板上的电流设定表格进行设定。

③ 步进电机驱动器指示灯共有两种：电源指示灯(绿色或黄色)和保护指示灯(红色)。当任一保护发生时，保护指示灯变亮。

④ 步进电机驱动器的电源接口：对于超小型驱动器(SH-2H057、SH-3F075、SH-2H057M、SH-3F075M)，采用一组直流供电DC(24~40V)，注意正负极不要接错，此电源可由一变压器变压后加整流滤波(无须稳压)组成；或者由一开关电源提供。因为PLC需要采用开关式稳压电源供电,所以在设计中电源应选用开关式稳压电源。

5. PLC控制步进电机的指令说明

S7-200的CPU有两个PTO/PWM发生器产生高速脉冲串和脉冲宽度可调的波形。一个发生器分配在数字输出Q0.0，另一个分配在数字输出Q0.1。

脉冲输出指令形式为：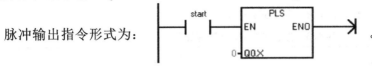。

脉冲串(PTO)提供方波(50%占空比)输出，用于控制周期和脉冲数。脉冲宽度调制(PWM)功能提供连续、变占空比输出，用于控制周期和脉冲宽度。

每个PTO/PWM发生器有一个控制字节，16位无符号的周期时间值和脉宽值各一个，还有一个32位无符号的脉冲计数值。这些值全部存储在指定的特殊存储器中，一旦这些引起特殊存储器的位被置成所需操作，可通过执行脉冲指令来调用这些操作。修改特殊寄存器(SM)区(包括控制字节)，然后执行PLC指令，可以改变PTO或PWM特性。把PTO/PWM控制字节(SM66.7或SM77.7)的允许位置为0，并执行PLC指令，可以在任何时候禁止PTO或PWM波形的产生。所有的控制字节、周期、脉冲宽度和脉冲数的默认值都是0。

表4.2　PTO/PWM控制字节参考1

Q0.0	Q0.1	状 态 字 节
SM66.4	SM76.4	PTO 包络由于增量计算错误而终止：0=无错误，1=终止
SM66.5	SM76.5	PTO 包络由于用户命令而终止：0=无错误，1=终止
SM66.6	SM76.6	PTO 管线上溢/下溢：0=无上溢，1=上溢/下溢
SM66.7	SM76.7	PTO 空闲：0=执行中，1=空闲

PTO提供指定脉冲个数的方波(50%占空比)脉冲串发生功能。周期可以用微秒或毫秒为单位。周期的范围是50到65535微秒，或2到65535毫秒。如果设定的周期是奇数，会引起占空比的一些失真。脉冲数的范围是1到4294967295。如果周期时间少于2个时间单位，就把周期缺省地设定为2个时间单位。如果指定脉冲数为0，就把脉冲数缺省地设定为1个脉冲。

状态字节中的PTO空闲位(SM66.7或SM76.7)用来指示可编程序脉冲串的完成。另外，根据脉冲串的完成调用中断程序。PTO功能允许脉冲串排队。当激活的脉冲串完成时，立即开始新脉冲的输出。这保证了顺序输出脉冲串的连续性。如果使用多段操作，根据包络表的完成调用中断程序。

有两种方法完成管线：单段管线和多段管线。

① 单段管线：在单段管线中，需要为下一个脉冲串更新特殊寄存器。一旦启动了起始PTO段，就必须立即按照第二个波形的要求改变特殊寄存器，并再次执行PLS指令。第二个脉冲串的属性在管线一直保持到第一个脉冲串发送完成。在管线中一次只能存入一个入口，一旦第一个脉冲串发送完成，接着输出第二个波形，管线可以用于新的脉冲串。重复这个过程设定下一个脉冲串的特性。

② 多段管线：在多段管线中，CPU自动从V存储器区的包络表中读出每个脉冲串段的特性。在该模式下，仅使用特殊寄存器区的控制字节和状态字节。选择多段操作，必须装入包络表的起始V存储器构的偏移地址(SMW168或SMW178)。时间基准可以选择微秒或者毫秒，但是，在包络表中的所有周期值必须使用一个基准，而且当包络执行时，不能改变。多段操作可以用PLS指令启动。每段的长度是8个字节，由16位周期、16位周期增量值和32

位脉冲计数值组成。

如果要人为地终止一个正进行中的PTO包络，只需要把状态字节中的用户终止（SM66.5或SM76.5）置为1。

多段PTO操作的包络表格式如表4.3所示。

表4.3 多段PTO操作的包络表

从包络表开始的字节位移	包络段数	描　　述
0		段数(1 到 255)：数 0 产生一个非致命性错误，将不产生 PTO 输出
1		初始周期(2 到 65 535 时间基准单位)
3	#1	每个脉冲的周期增量(有符号值：−32 768 到 32 767 时间基准单位)
5		脉冲数(1 到 4 294 967 295)
9		初始周期(2 到 65 535 时间基准单位)
11	#2	每个脉冲的周期增量(有符号值：−32 768 到 32 767 时间基准单位)
13		脉冲数(1 到 4 294 967 295)
……	……	……

6. PTO/PWM控制寄存器

参照表4.4和表4.5可以快速确定放入PTO/PWM控制寄存器中的值，启动要求的操作。对PTO/PWM0使用SMB67，对PTO/PWM1使用SMB77。如果要装入新的脉冲数(SMD72或SMD82)、脉冲宽度(SMW70或SMW80)或周期(SMW68或SMW78)，应该在执行PLS指令前装入这些值和控制寄存器。如果要使用多段脉冲串操作，在使用PLS指令前也需要装入包络表的起始偏移值(SMW168或SMW178)和包络表的值。

表4.4 PTO/PWM控制字节参考2

Q0.0	Q0.1	控制字节
SM67.0	SM77.0	PTO/PWM 更新周期值：0=不更新，1=更新
SM67.1	SM77.1	PWM 更新脉冲宽度值：0=不更新，1=更新
SM67.2	SM77.2	PTO 更新脉冲数：0=不更新，1=更新
SM67.3	SM77.3	PTO/PWM 时间基准选择：0=1μs/时基，1=1ms/时基
SM67.4	SM77.4	PWM 更新方法：0=异步更新，1=同步更新
SM67.5	SM77.5	PTO 操作：0=单段操作，1=多段操作
SM67.6	SM77.6	PTO/PWM 模式选择：0=选择 PTO，1=选择 PWM
SM67.7	SM77.7	PTO/PWM 允许：0=禁止 PTO/PWM，1=允许 PTO/PWM

表4.5 PTO/PWM控制字节参考3

Q0.0	Q0.1	其他 PTO/PWM 寄存器
SMW68	SMW78	PTO/PWM 周期值，范围：2 到 65 535
SMW70	SMW80	PWM 脉冲宽度值，范围：0 到 65 535
SMD72	SMD82	PTO 脉冲计数值，范围：1 到 4 294 967 295
SMB166	SMB176	进行中的段数，仅用在多段 PTO 操作中
SMW168	SMW178	包络表的起始位置，用从 V0 开始的字节偏移表示，仅用在多段 PTO 操作中

表4.6 PTO/PWM初始化和操作顺序

控制寄存器(16进制)	执行 PLS 指令的结果							
	允许	模式选择	PTO段操作	PWM更新方法	时基	脉冲数	脉冲宽度	周期
16#81	Yes	PTO	单段		1μs/周期	装入		装入
16#84								
16#85								装入
16#89					1ms/周期	装入		装入
16#8C								
16#8D								装入
16#A0					1μs/周期			
16#A8					1ms/周期			
16#D1		PWM		同步	1μs/周期		装入	装入
16#D2								
16#D3								装入
16#D9					1ms/周期		装入	装入
16#DA								
16#DB								装入

为了初始化PTO，应遵循如下步骤：

① 用初次扫描存储器位(SM0.1)复位输出为0，并调用执行初始化操作的子程序。由于采用这样的子程序调用，后续扫描不会再调用这个子程序，从而减少了扫描时间，也提供了一个结构优化的程序。

② 初始化子程序中，把16#85送入SMB67，使PTO以微秒为增量单位(或送入16#A8使PTO以毫秒为增量单位)。用这些值设置控制字节的目的是允许PTO/PWM功能，选择PTO操作，选择以微秒或毫秒为增量单位，设置更新脉冲计数和周期值。

③ 向SMW168(字)写入包络表的起始V存储器偏移值。

④ 在包络表中设定段数，确保段数区(表的第一个字节)正确。

⑤ 可选步骤。如果想在一个脉冲串输出(PTO)完成时立刻执行一个相关功能，则可以编程，使脉冲串输出完成中断事件(事件号19)调用一个中断子程序，并执行全局中断允许指令。

⑥ 退出子程序。

任务 1　用 PLC 控制两相步进电机实现正反转

一、任务目的

用 PLC 控制两相步进电机，采用森创两相混合式步进电机驱动器 SH-20403，手动控制步进电机实现正反转。

二、任务分析

通过两个开关SW4和SW5，拨动SW4开关，步进电机开始向左运行；拨动SW5开关，步进电机开始向右运行。

三、任务实施

1. 输入、输出地址分配

针对控制要求，设置系统 I/O 分配表。

表 4.7 系统 I/O 分配表

输入接口			输出接口		
PLC 端	控制板端口	注 释	PLC 端	步进电机接口	注 释
I0.4	SW4	电机正转启动信号	Q0.0	脉冲	PLC 脉冲输出端
I0.5	SW5	电机反转启动信号	Q0.2	方向	脉冲方向控制信号

2. 步进电机驱动器接线

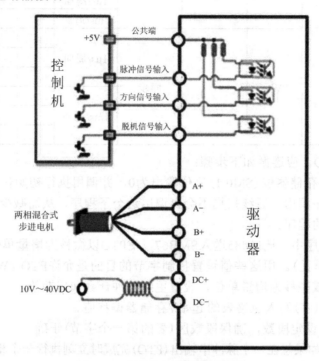

图 4.6 步进电机驱动器接线图

3. 输出电流和细分模式选择

表 4.8 输出电流和细分模式选择

5	6	7		1	2	3	
ON	ON	ON	0.9A	ON	ON	ON	保留
OFF	ON	ON	2.1A	OFF	ON	ON	64 细分
ON	ON	OFF	1.2A	ON	ON	OFF	8 细分
OFF	ON	OFF	2.4A	OFF	ON	OFF	4 细分
ON	OFF	ON	1.5A	ON	OFF	ON	32 细分
OFF	OFF	ON	2.7A	OFF	OFF	ON	16 细分
ON	OFF	OFF	1.8A	ON	OFF	OFF	半步
OFF	OFF	OFF	3A	OFF	OFF	OFF	整步

4. 程序梯形图

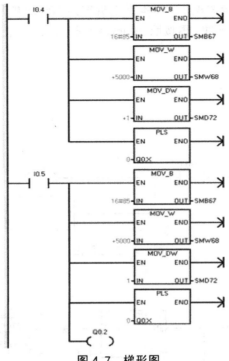

图 4.7　梯形图

5. 程序分析

当触点I0.4闭合时，将16#85传送给SMB67，可更新周期值和脉冲数，时间基准单位为1μs，允许PTO输出，PTO操作为单段操作。传送5000给SMW68，即PTO周期为5000μs，故脉冲频率为200Hz；传送1给SMD72，每个包络线输出1个脉冲，执行PLS指令可启动正转操作。

当触点I0.5闭合时，输出频率为200Hz，包络线输出1个脉冲，同时方向控制信号Q0.2置为1，执行PLS指令可启动反转操作。

任务 2　用 PLC 实现两相步进电机的速度控制

一、任务目的

用 PLC 控制步进电机完成图 4.8 所示的工艺过程。

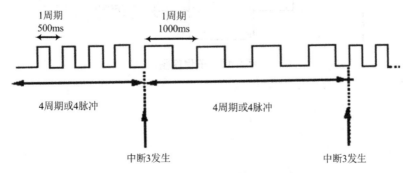

图 4.8　速度控制任务的工艺过程

二、任务分析

此任务是用 PLC 控制步进电机，使步进电机按照 500ms 的周期运行 4 个脉冲，而后按照 1000ms 的周期运行 4 个脉冲，再按照 500ms 的周期运行 4 个脉冲……反复重复此过程。

三、任务实施

接线图见任务1中的叙述。

编写程序如下。

主程序：

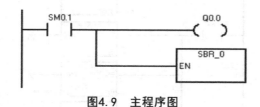

图4.9　主程序图

子程序：

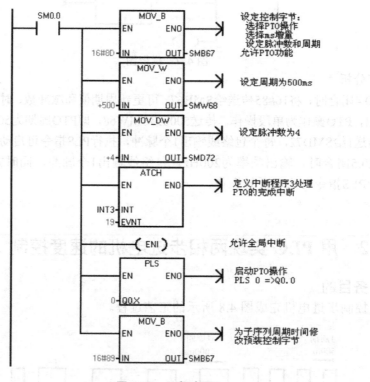

图4.10　子程序图

中断程序：

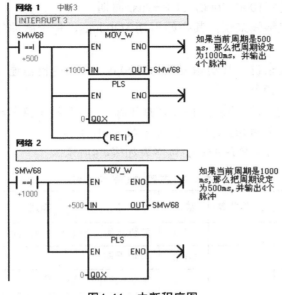

图4.11 中断程序图

任务3 用 PLC 实现步进电机加减速及正反转控制

一、任务目的

从外部输入脉冲数值，并实现正反转运行。运行所走的路线按照图4.12所示包络线控制电机运行。

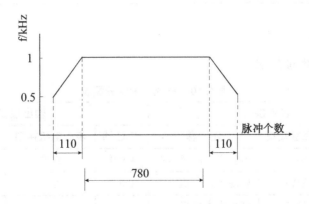

图4.12 步进电机运行过程的工艺参数

二、任务分析

图4.12所示的包络表中的数值表明运行的脉冲总数为110+780+110=1000个脉冲，起动频率为500Hz，最大脉冲频率为1000Hz，这要求PTO发生器包括三段管线，由于包络表中的值是用周期而不是用频率表示的，需要将频率值转换成周期值。

起始周期为2000μs，最高频率为1000μs，则对于第一段包络线来说，脉冲发生器调整脉冲周期的增量值为：

周期的增量值=(1000-2000)/110=-9μs/周期

这样对于第一段包络线来说，其初始周期为2000μs，每个脉冲的周期增量-9μs/周期，脉冲数值为110个。

对于第二段包络线来说，其初始周期为1000μs，由于电机恒速运行，每个脉冲的周期增量为0，脉冲个数为780个。

对于第三段包络线来说，其初始周期为1000μs，由于减速斜率与加速斜率大小相等，方向相反，故其周期增量为9μs/周期，脉冲个数为110个。

根据上述计算，可得出多段PTO的包络表如表4.9所示。

表4.9　多段PTO的包络表

从包络表开始的字节偏移	包络段数	数据	描述
0		3	段数，如果为0将产生错误，无PTO输出
1		2000	初始周期
3	1	-9	每个脉冲的周期增量
5		110	脉冲数
9		1000	初始周期
11	2	0	每个脉冲的周期增量
13		780	脉冲数
17		1000	初始周期
19	3	9	每个脉冲的周期增量
21		110	脉冲数

三、任务实施

1. 输入、输出地址分配

表4.10　系统的I/O分配表

输入接口			输出接口		
PLC端	单元板端口	注　释	PLC端	步进电机接口	注　释
I0.0	SW0	示教走行距离(加)	Q0.0	脉冲	PLC脉冲输出端
I0.1	SW1	启动步进电机	Q0.2	方向	脉冲方向控制信号
I0.2	SW2	停止步进电机			
I0.3	SW3	示教走行距离(减)			

2. 编写程序

主程序：

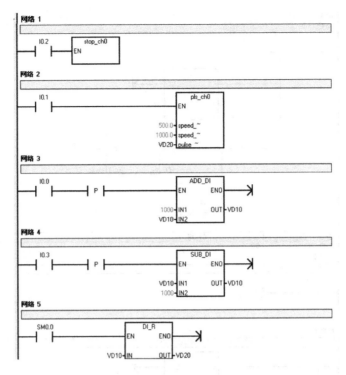

图 4.13　主程序梯形图

子程序1(脉冲输出)：

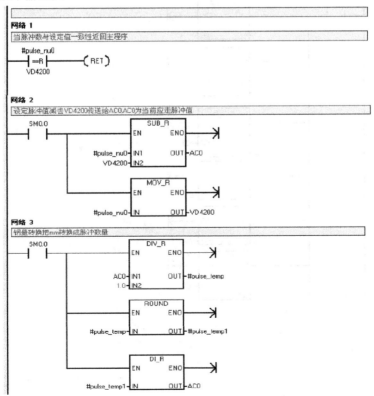

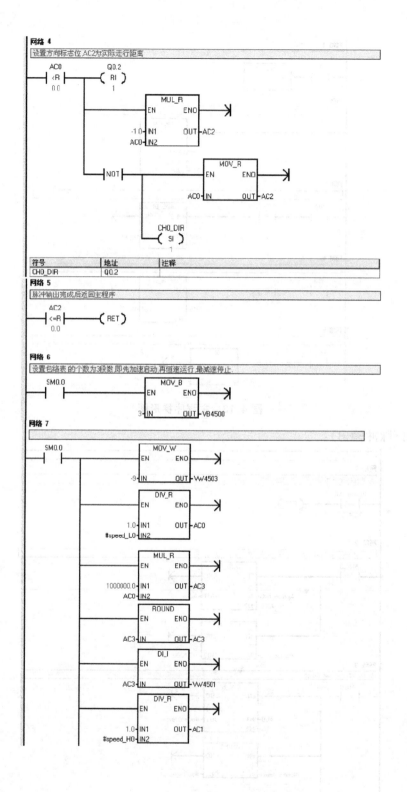

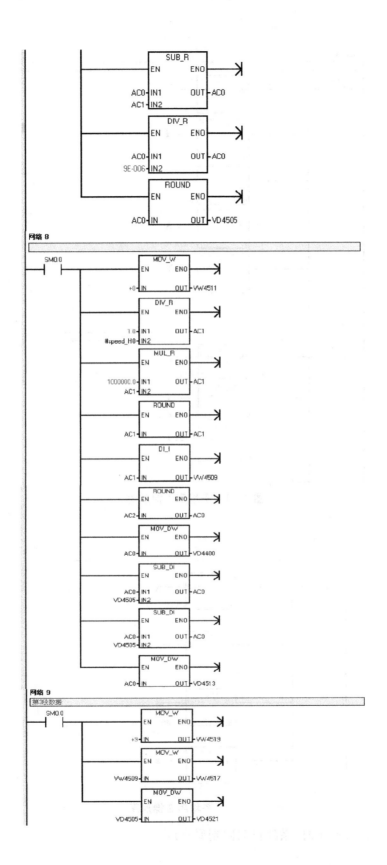

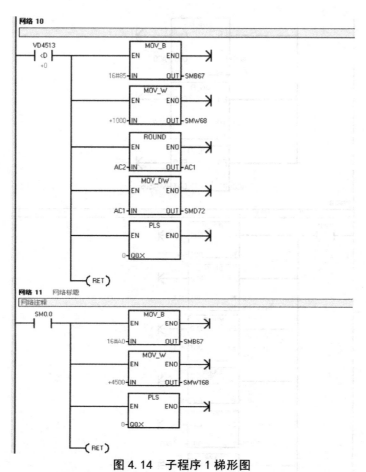

图 4.14　子程序 1 梯形图

子程序 2(停止脉冲):

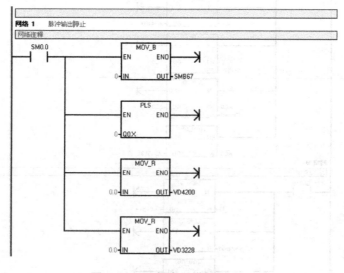

图 4.15　子程序 2 梯形图

子程序 3(当意外产生时, 系统自动回到原点):

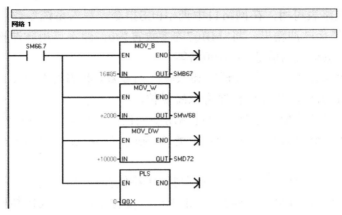

图 4.16　子程序 3 梯形图

3. 程序分析

为了实现任务要求，整个程序包含四个程序段：主程序、子程序1、子程序2、子程序3。主程序构建系统运行的框架。下面首先介绍子程序。

子程序1是整个程序的核心，用于PLC发出三段包络线的脉冲。由前面的计算过程可知，对于给定了起始频率、运行频率以及行程的包络线，可以根据公式计算出频率上升的斜率，基于此原则，子程序假定外部给定三个变量：起始频率、运行频率、脉冲数（即行程），计算出各段运行脉冲数。

网络2将步进电机的当前脉冲值存储于VD4200中，通过运算得出设定值与当前脉冲值的差值AC0，即为步进电机将要行走的距离。

网络3将实际行走距离转换成脉冲数量，通过直接从外部输入工程坐标值，系统就可以将其转换成实际运行脉冲值。在本任务中，由于要求的脉冲数，故其当量值为1。

网络4实现电机正反转操作。当步进电机的距离为正值时，方向信号Q0.2为正，电机向左运行，同时将行走距离直接传送给AC2；当步进电机的距离为负值时，方向信号Q0.2复位，电机向右运行，同时将行走距离取反后直接传送给AC2。

网络7、8、9将包络表传送给系统相应的存储区。网络7传送第一段包络线。首先根据前面的计算公式得出周期增量为-9，传送给VW4503，然后进行反推，从周期增量算出所走的脉冲数，这也是网络7计算的原则，最终计算出脉冲数值传送给VD4505，作为第一段包络线所走的距离。经过上面的计算可知，对于固定的加速率，每个起始频率、运行频率都一一对应一个脉冲值。所以当系统给定了速度以后，其加速段所走的距离是一个定值。

网络8将第二包络表里的数据传送给系统，由于恒速度运行，故其周期增量为0。由前面叙述可知，在加速段和减速段运行的脉冲值对于一个给定的系统是个定值，故将总共的脉冲数Pv减去加速段Pu和减速段Pd所得的数据就是在恒速运行区所走的脉冲值。基于此原则，网络8给出了计算过程，最终将差值AC0传送给VD4513。

网络9将第三段包络表里面的数据传送给系统。由于加速区和减速区的脉冲值相同，只是周期增量的方向相反，故可将第一段的脉冲值传送给VD4521，将第二段的初始周期传送给VW4517，周期增量VW4519为9。

网络10是为了避免行走距离过短导致意外产生而设计的。当脉冲总数Pv小于加速段和减速段的脉冲之和时，恒速区所走的脉冲值成了一个负值，这会导致系统运行不正常，故设定当VD4513小于0时，即恒速区的脉冲值为负时，采用单段PTO输出方式，速度恒定为

1000Hz。为了使包络表可用，在网络11中调用PLS指令，写入系统参数。

子程序2用于停止脉冲输出，将SMB67的参数置为0，即不启用脉冲输出，同时初始化系统参数，将步进电机的当前值VD4200清零。

子程序3是当管线已满时，如果试图装入脉冲列参数，状态寄存器中的PTO溢出位就会置为1，如果检测到溢出，通过该程序将系统复位。

主程序是整个系统构成的框架，通过调用不同的子程序，完成控制要求。当触点I0.0每闭合一次时，脉冲个数的设定值从0开始增加1000，当触点I0.3每闭合一次时，脉冲个数的设定值从当前值减少1000。

当触点I0.1闭合时，调用子程序1，启用3段包络线控制电机运行。

当触点I0.2闭合时，调用子程序2，停止电机，复位系统。完成控制要求。

项目 2　PLC 控制伺服系统设计

一、项目目的

通过PLC和旋转编码器的使用，实现运动控制中的定位测量、中断控制以及高速计数。

二、知识链接

旋转编码器是一种通过光电转换将输出轴上的机械几何位移量转换成脉冲或数字量的传感器。

光电编码器由光栅盘和光电检测装置组成。光栅盘是在一定直径的圆板上等分地开通若干个长方形孔。电动机旋转时，光栅盘与电动机同速旋转，经发光二极管等电子元件组成的检测装置检测输出若干脉冲信号。结构示意图如图4.17所示。

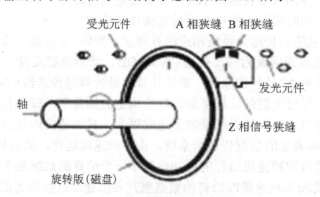

图 4.17　旋转编码器结构示意图

为判断旋转方向，码盘提供相位差为90°的两路脉冲信号 A 相和 B 相。此外，还提供一路 Z 相脉冲(转一圈出现一个)，以代表零位参考位。

由于 A、B 两相相差 90°，可通过比较 A 相在前还是 B 相在前，以判别编码器的正转与反转，通过零位脉冲，可获得编码器的零位参考位。

普通计数器按照顺序扫描的方式进行工作，在每个扫描周期中，对计数脉冲只进行一次累加。当输入脉冲信号的频率比 PLC 的扫描频率高时，如果仍然采用普通计数器进行累加，必然会丢失很多输入脉冲信号。在 PLC 中，处理比扫描频率高的输入信号的任务由高速计数器束完成。

关于 PLC 和旋转编码器的配线和连接示意图如图 4.18 所示。

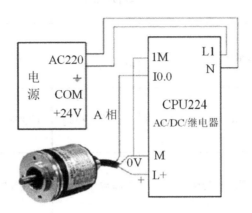

图 4.18　PLC 和旋转编码器的配线和连接示意图

S7-200 有 6 个高速计数器 HSC0～HSC5，可以设置多达 12 种不同的操作模式。各高速计数器不同的输入端有专用的连接和功能。

表 4.11　高速计数器使用的输入端子

高速计数器	使用的输入端子
HSC0	I0.0、I0.1、I0.2
HSC1	I0.6、I0.7、I1.0、I1.1
HSC2	I1.2、I1.3、I1.4、I1.5
HSC3	I0.1
HSC4	I0.3、I0.4、I0.5
HSC5	I0.4

每个高速计数器有多种不同的工作模式，如表 4.12～表 4.17 所示。

表 4.12　HSC0 的工作模式

模式	描　　述		控制位	I0.0	I0.1	I0.2
0	具有内部方向控制的单相增/减计数器		SM37.3=0，减	脉冲		
1			SM37.3=1，增			复位
3	具有外部方向控制的单相增/减计数器		I0.1=0，减		方向	
4			I0.1=1，增			复位
6	具有增/减计数脉冲输入端的双相计数器		外部输入控制	脉冲增	脉冲减	
7						复位
9	A/B 相正交计数器	A 超前 B，顺时针		A 相脉冲	B 相脉冲	
10		B 超前 A，逆时针				复位

表 4.13 HSC1 的工作模式

模式	描　述	控制位	I0.6	I0.7	I1.0	I1.1
0	具有内部方向控制的单相增/减计数器	SM47.3=0，减 SM47.3=1，增	脉冲		复位	
1						
2						启动
3	具有外部方向控制的单相增/减计数器	I0.7=0，减 I0.7=1，增	脉冲	方向	复位	
4						
5						启动
6	具有增/减计数脉冲输入端的双相计数器	外部输入控制	脉冲增	脉冲减	复位	
7						
8						启动
9	A/B 相正交计数器	外部输入控制	A 相脉冲	B 相脉冲	复位	
10	A 相超前 B 相 90°，顺时针旋转					
11	B 相超前 A 相 90°，逆时针旋转					启动

表 4.14 HSC2 的工作模式

模式	描　述	控制位	I1.2	I1.3	I1.4	I1.5
0	具有内部方向控制的单相增/减计数器	SM57.3=0，减 SM57.3=1，增	脉冲		复位	
1						
2						启动
3	具有外部方向控制的单相增/减计数器	I1.3=0，减 I1.3=1，增	脉冲	方向	复位	
4						
5						启动
6	具有增/减计数脉冲输入端的双相计数器	外部输入控制	脉冲增	脉冲减	复位	
7						
8						启动
9	A/B 相正交计数器	外部输入控制	A 相脉冲	B 相脉冲	复位	
10	A 相超前 B 相 90°，顺时针旋转					
11	B 相超前 A 相 90°，逆时针旋转					启动

表 4.15 HSC3 的工作模式

模式	描　述	控制位	I0.1
0	具有内部方向控制的单相增/减计数器	SM137.3=0，减；SM137.3=1，增	脉冲

表 4.16 HSC4 的工作模式

模式	描　述	控制位	I0.3	I0.4	I0.5
0	具有内部方向控制的单相增/减计数器	SM147.3=0，减	脉冲		
1		SM147.3=1，增			复位
3	具有外部方向控制的单相增/减计数器	I0.1=0，减		方向	
4		I0.1=1，增			复位

模式	描 述		控制位	I0.3	I0.4	I0.5
6	具有增/减计数脉冲输入端的双相计数器		外部输入控制	脉冲增	脉冲减	
7						复位
9	A/B 相正交计数器	A 超前 B，顺时针		A 相脉冲	B 相脉冲	
10		B 超前 A，逆时针				复位

表 4.17　HSC5 的工作模式

模式	描 述	控制位	I0.4
0	具有内部方向控制的单相增/减计数器	SM157.3=0，减 SM157.3=1，增	脉冲

每个高速计数器都有一个控制字节，它决定了计数器的计数允许或禁用，方向控制(仅限模式 0、1 和 2)或对所有其他模式的初始化计数方向，装入当前值和预置值。

表 4.18　高速计数器的控制字节

HSC0	HSC1	HSC2	HSC3	HSC4	HSC5	说明
SM37.0	SM47.0	SM57.0		SM147.0		复位有效电平控制：0=复位信号高电平有效，1=低电平有效
	SM47.1	SM57.1		SM147.1		启动有效电平控制：0=4×计数器速率，1=1×计数器速率
SM37.2	SM47.2	SM57.2		SM147.2		正交计数器速率选择：0=复位信号高电平有效，1=低电平有效
SM37.3	SM47.3	SM57.3	SM137.3	SM147.3	SM157.3	计数方向控制位：0=减计数；1=加计数
SM37.4	SM47.4	SM57.4	SM137.4	SM147.4	SM157.4	向 HSC 写入计数方向：0=无更新，1=更新计数方向
SM37.5	SM47.5	SM57.5	SM137.5	SM147.5	SM157.5	向 HSC 写入新预置值：0=无更新，1=更新预置值
SM37.6	SM47.6	SM57.6	SM137.6	SM147.6	SM157.6	向 HSC 写入新当前值：0=无更新，1=更新当前值
SM37.7	SM47.7	SM57.7	SM137.7	SM147.7	SM157.7	HSC 允许：0=禁用 HSC；1=启用 HSC

每个高速计数器都有一个状态字节，状态位表示当前计数方向以及当前值是否大于或等于预置值。每个高速计数器状态字节的状态位如表 4.19 所示。

表 4.19　高速计数器的状态字节

HSC0	HSC1	HSC2	HSC3	HSC4	HSC5	说明
SM36.5	SM46.5	SM56.5	SM136.5	SM146.5	SM156.5	当前计数方向状态位：0=减计数；1=加计数
SM36.6	SM46.6	SM56.6	SM136.6	SM146.6	SM156.6	当前值等于预置值状态位：0=不等于，1=等于
SM36.7	SM46.7	SM56.7	SM136.7	SM146.7	SM156.7	当前值大于预置值状态位：0=小于或等于，1=大于

高速计数器指令有两条：高速计数器定义指令 HDEF 和高速计数器指令 HSC。

表4.20　高速计数器指令

LAD	STL	功能说明	操作数	ENO=0 的出错条件
HDEF EN　ENO ????-HSC ????-MODE	HDEF HSC, MODE	高速计数器定义指令	HSC：高速计数器编号，为常量0～5，数据类型：字节 MODE：工作模式，为常量 0～11，数据类型：字节	SM4.3（运行时间），0003（输入点冲突），0004（中断中的非法指令），00AHSC（重复定义）
HSC EN　ENO ????-N	HSC N	高速计数器指令	N：高速计数器编号，为常量0～5，数据类型：字	SM4.3（运行时间），0001（HSC在HDEF之前），0005（HSC/PLS同时操作）

任务1　用 PLC 实现旋转编码器的定位控制

一、任务目的

使用旋转编码器，对电动机进行定位控制，当货物运行10cm后，电动机停止运行。

二、任务分析

本任务要求检测货物运行10cm的距离，实际就是要求检测旋转编码器运行一定脉冲数值后，使变频器停止运行。不失一般性，我们不妨假设货物运行10cm所需要的脉冲值为1000个脉冲（实际数值可以通过实验测量）。

三、任务实施

1. 输入、输出地址分配

表4.21　系统的I/O地址分配表

输 入 接 口			输 出 接 口		
PLC端	单元板端口	注　释	PLC端	变频器接口	注　释
I0.0	SA	旋转编码器 A 相脉冲输出	Q0.0	N0.5	控制变频器启动
I0.1	SW1	启动变频器信号			
I0.2	SW2	高速计数器复位信号			

2. 使用指令向导

在S7-200型CPU226 PLC中，共有6个高速计数器，每个高速计数器有11种模式，针对本任务要求，选择计数器HSC0，选择模式为1，通过编程软件的向导指令，可以完成任务要求。

打开编程软件STEP7-MICRO/WIN，打开"工具栏"菜单，如图4.19所示。

单击"指令向导"命令，进入指令向导界面。该界面指出三种指令功能：PID、NETR/NETW、HSC。使用高速计数功能应选择HSC，如图4.20所示，然后单击"下一步"。

图4.19　位置控制向导

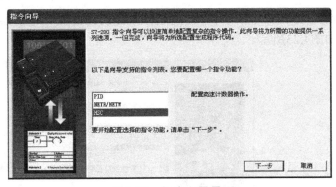

图4.20　指令向导界面

配置高速计数器。从HSC0～HSC5中选择一个高速计数器。选择不同的高速计数器所使用的外部输入信号不同。针对本任务要求，选择HSC0，输入点为I0.0、I0.1、I0.2。每个高速计数器最多有11种工作模式，选择模式1，控制方式为带有内部方向控制的单相/减计数器，没有启动输入，带有复位输入信号。

结合选择的高速计数器HSC0，则输入点I0.0为脉冲时钟输入端口，I0.2为复位输入操作。设置如图4.21所示，完成后单击"下一步"。

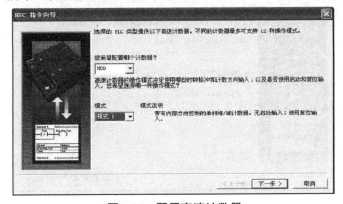

图4.21　配置高速计数器

初始化HSC0。在初始化选项中，需要给子程序命名，系统默认名称为HSC_INIT；设定高速计数器的预置值（PV）为1000，计数器的当前值为0，计数器的初始计数方向为增，复位输入信号为高电平有效，具体设置如图4.22所示。

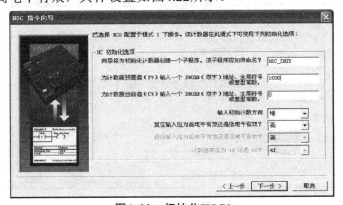

图4.22　初始化HSC0

设置HSC0的中断事件,当高速计数器的预置值与计数器当前值相等时,产生中断事件。设置如图4.23所示。

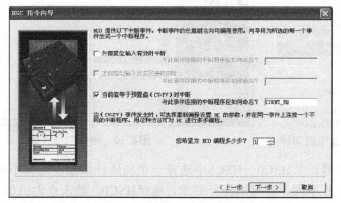

图4.23　HSC0的中断事件设置

当计数器的经过值与预置值相等时,高速计数器的任何一个动态参数都可以被更新。在这里,把更新预置值设置为0,如图4.24所示。

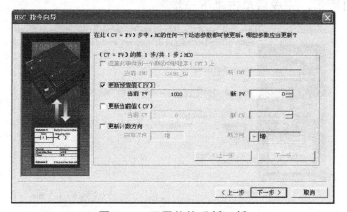

图4.24　预置值的重新更新

完成指令向导提示的操作后,会自动生成一个子程序HSC_INIT和一个中断程序COUNT_EQ,如图4.25所示,在编程序时直接调用它们就可以了。

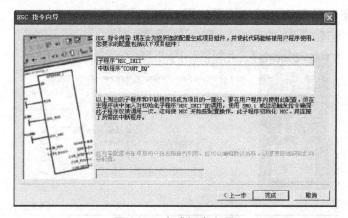

图4.25　完成指令向导

3. 编写程序

回到编程界面，在"调用子程序"列表中可以看到增加了"HSC_INIT（SBR1）"，如图4.26所示。在主程序中可以直接调用它了。

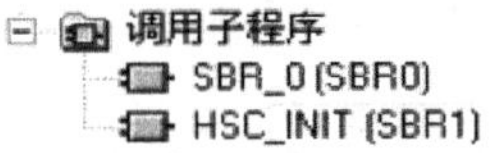

图4.26　调用子程序界面

在编程界面中，编写的主程序的梯形图如图4.27所示。

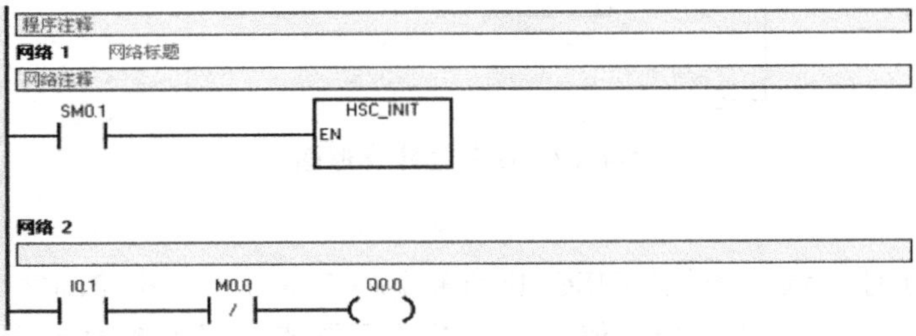

图4.27　主程序的梯形图

子程序HSC_INIT的梯形图如图4.28所示。

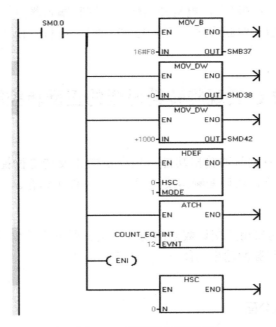

图4.28　子程序的梯形图

中断程序COUNT_EQ的梯形图如图4.29所示。

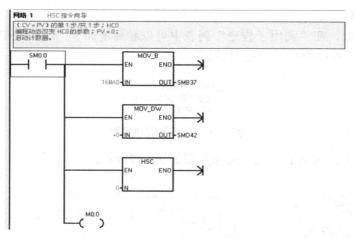

图4.29 中断程序梯形图

4. 程序分析

系统开始运行时，调用子程序HSC_INIT初始化HSC0，将其控制字节SMB47设置为16#F8，即允许计数、写入新的当前值、写入新的预置值、写入新的计数方向，设置初始计数方向为加计数，启动输入信号和复位输入信号都是高电平有效。

当HSC0的计数脉冲达到设定值1000时，调用中断程序COUNT_EQ，将SMD48的值变为0，即清除高速计数器的当前值。同时设置完成标志位M0.0。

当I0.1触点闭合时，Q0.0吸合，电机开始转动，同时编码器的经过值HSC0开始增加，当经过值达到1000时，启动中断程序，标志位M0.0置1，电机停止运行。

任务2 用PLC实现旋转编码器的正反转控制

一、任务目的

使用旋转编码器的双相脉冲输出功能实现电机的正反转定位控制。当货物正转运行10cm后，变频器停止运行，然后变频器反转运行5cm后停止运行。

二、任务分析

本任务要利用PLC的双相正交计数器的功能，这就要求旋转编码器输出两路脉冲，正好利用旋转编码器的双相脉冲输出功能。

三、任务实施

1. 输入、输出地址分配

表4.22 系统的I/O地址分配

输 入 接 口			输 出 接 口		
PLC端	单元板端口	注 释	PLC端	变频器接口	注 释
I0.0	SW0	启动变频器信号	Q0.0	N0.5	控制变频器启动
I0.6	SA	旋转编码器A相脉冲输出	Q0.1	N0.6	控制变频器正反转

输 入 接 口			输 出 接 口		
PLC 端	单元板端口	注　释	PLC 端	变频器接口	注　释
I0.7	SB	旋转编码器 B 相脉冲输出			
I1.0	SW3	高速计数器复位信号			
I1.1	SW4	启动计数功能			

2. 使用指令向导

进入指令向导界面。选择HSC1计数器，选择模式11，即A/B相正交计数器，使用启动输入和停止输入，如图4.30所示，然后单击"下一步"。

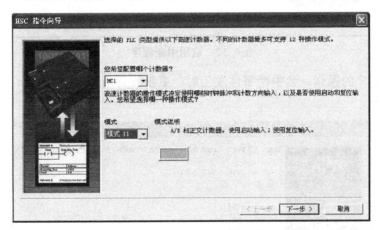

图4.30　指令向导界面

初始化HSC1。选择子程序的默认名称HSC_INIT，选择预置值为1000，输入初始计数为增，输入复位信号和启动信号为高电平有效，如图4.31所示，单击"下一步"。

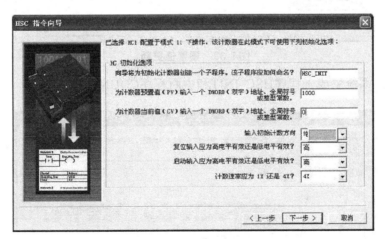

图4.31　初始化HSC1界面

启用中断程序，当计数器的当前值与预置值相等时，启用中断程序COUNT_EQ，如图4.32所示，完成操作后单击"下一步"。

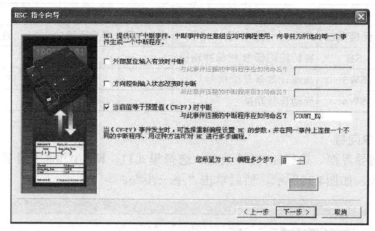

图4.32　启用中断程序

设置中断程序的操作。当中断事件发生时，更新预置值为500，如图4.33所示，完成后单击"下一步"。

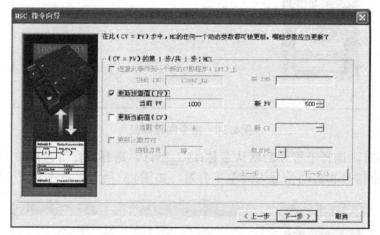

图4.33　预置值更新

完成向导，系统生成子程序HSC_INIT和中断程序COUNT_EQ。

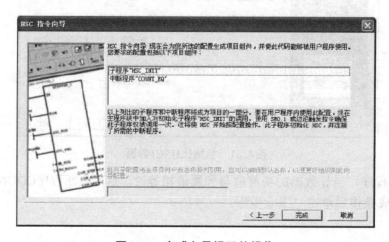

图4.34　完成向导提示的操作

3. 编写程序

主程序梯形图如图4.35所示。

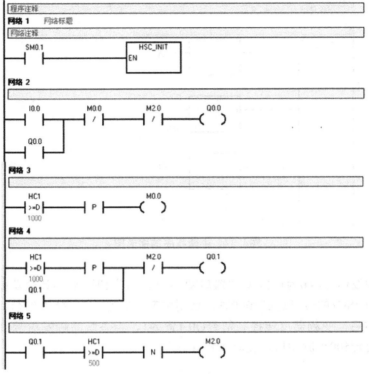

图4.35 主程序梯形图

子程序HSC_INIT梯形图如图4.36所示。

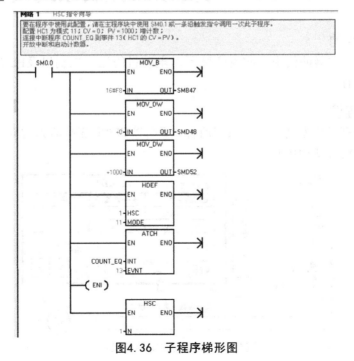

图4.36 子程序梯形图

中断程序COUNT_EQ梯形图如图4.37所示。

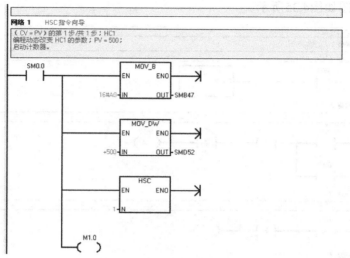

图4.37　中断程序的梯形图

4. 程序分析

当系统的触发信号I0.0为1时，变频器启动，触点I1.1为1时，启动计数功能，寄存器HSC1的数值增加，当HSC1的数值达到1000时，启用中断，同时标志位M0.0置1，变频器停止运行。当完成正转后，变频器反转控制信号Q0.1置为1，当系统的触发信号I0.0再次为1时，变频器启动，反转500个脉冲后，变频器停止运行。

项目 3　PLC 与变频器控制系统设计

一、项目目的

通过PLC和变频器的使用，实现变频器对电动机的运动控制以及PLC和变频器的配合控制电动机的运行。

二、知识链接

目前变频器有三相系列与单相系列两种。下面以VF0型变频器为例介绍变频器的知识。主电路的接线方式如图4.38所示。

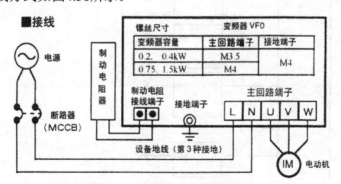

图4.38　变频器主电路的接线

控制电路的接线方式如图4.39所示。

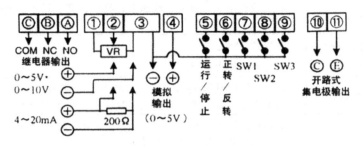

图4.39 控制电路的接线图

各接线端说明如表4.23所示。

表4.23 接线端说明表

端子 N0.	端 子 功 能	关联数据
1	频率设定用电位器连接端子(+5V)	P09
2	频率设定模拟信号的输入端子	P09
3	(1)、(2)、(1)~(9)输入信号的共用端子	
4	多功能模拟信号输出端子(0~5V)	P58, 59
5	运行/停止，正转运行信号的输入端子	P08
6	正转/反转，反转运行信号的输入端子	P08
7	多功能控制信号 SW1 的输入端子	P19,20,21
8	多功能控制信号 SW2 的输入端子 PWM 控制时的频率切换用输入端子	P19~21 P22~24
9	多功能控制信号 SW3 的输入端子 PWM 控制时的 PWM 信号输入端子	P19~21 P22~24
10	开路式集电极输出端子(C：集电极)	P25
11	开路式集电极输出端子(E：发射极)	P25
A	继电器节点输出端子(NO：出厂配置)	P26
B	继电器节点输出端子(NC：出厂配置)	P26
C	继电器节点输出端子(COM)	P26

VF0型变频器的操作面板如图4.40所示，其说明如表4.24所示。

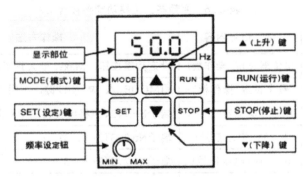

图4.40 VF0型变频器操作面板

表4.24　VF0型变频器操作面板按键说明

显示部位	显示输出频率、电流、线速度、异常内容、设定功能时的数据及其参数No
RUN(运行)键	使变频器运行
STOP(停止)键	使变频器停止运行
MODE(模式)键	切换"输出频率·电流显示""频率设定·监控""旋转方向设定""功能设定"等各种模式以及将数据显示切换为模式显示使用
SET(设定)键	切换模式和数据显示以及存储数据。在"输出频率·电流显示"模式下，切换频率显示和电流显示
UP(上升)键	改变数据或输出频率以及利用操作板使其正转运行时，用于设定正转方向
DOWN(下降)键	改变数据或输出频率以及利用操作板使其反转运行时，用于设定反转方向
频率设定键	用操作板设定运行频率

变频器的主要功能参数含义如下。

P08是选择运行指令参数，数据设定的不同代表着控制方式选择的不同，如表4.25所示。它的功能是选择用操作板(面板操作)或者是用外控操作的输入信号来进行运行/停止和正转/反转控制方式。

表4.25　变频器的主要功能参数含义1

设定数据	面板外控	操作板复位功能	操作方法 控制端子连接图
0	面板	有	运行：RUN，停止：STOP，正转/反转：用dr模式设定
1			正转运行：▲RUN，反转运行：▼RUN，停止：STOP
2	外控	无	共用端子 ON：运行　OFF：停止 ON：反转 /OFF：正转
4		有	
3	外控	无	共用端子 ON：正转运行　OFF：停止 ON：反转运行 /OFF：正转
5		有	

P09频率设定信号参数，可选择利用板前操作或用遥控操作的输入信号来进行频率设定信号的操作。如表6.26所示。

表4.26　变频器的主要功能参数含义2

设定数据	面板外控	设定信号内容	操作方法
0	面板	电位器设定(操作板)	设定频率按钮，Max：最大频率，Min：最低频率
1		数字设定(操作板)	用MODE、▲、▼、SET键，利用"Fr模式"设定
2	外控	电位器	端子No.1、2、3(将电位器的中心隐线接到2上)
3		0～5V(电压信号)	端子No.2、3(2：+，3：−)
4		0～10V(电压信号)	端子No.2、3(2：+，3：−)
5		4～20mA(电流信号)	端子No.2、3(2：+，3：−)，在2～3之间连接200Ω

SW1・SW2・SW3功能选择(参数P19、P20、21)指令,通过SW的不同设定参数来选择SW1・SW2・SW3(对应不同的控制电路端子N0.7、8、9),不同的控制功能如表4.27所示。

表4.27 变频器的主要功能参数含义3

设定功能的SW	SW1(端子N0.7)	SW2(端子N0.8)	SW2(端子N0.9)
设定参数N0.	P19	P20	P21
设定数据 0	多速SW1输入	多速SW2输入	多速SW3输入
1	输入复位	输入复位	输入复位
2	输入复位锁定	输入复位锁定	输入复位锁定
3	输入点动选择	输入点动选择	输入点动选择
4	输入外部异常停止	输入外部异常停止	输入外部异常停止
5	输入惯性停止	输入惯性停止	输入惯性停止
6	输入频率信号切换	输入频率信号切换	输入频率信号切换
7	输入第二特性选择	输入第二特性选择	输入第二特性选择
8			频率设定▲、▼

多速SW功能,将SW功能设定为多速功能时的SW输入组合动作如表4.28所示。

表4.28 变频器的主要功能参数含义4

SW1(端子N0.7)	SW1(端子 N0.7)	SW1(端子 N0.7)	运行频率
OFF	OFF	OFF	第1速
ON	OFF	OFF	第2速
OFF	ON	OFF	第3速
ON	ON	OFF	第4速
OFF	OFF	ON	第5速
ON	OFF	ON	第6速
OFF	ON	ON	第7速
ON	ON	ON	第8速

注1:第1速用参数P09所设定的频率设定信号的指令值。

注2:第2~8速用参数P32~38所设定的频率设定信号的频率。

PWM频率信号选择・平均次数・周期(参数P22、P23、P24),本参数用于将VF0由PLC等的PWM信号控制运行频率,但是容许的PWM信号周期为0.9ms~1100ms以内参数。

P22:PWM频率信号选择。

表4.29 变频器的主要功能参数含义5

设定数据	内　容
0	无 PWM 频率信号选择
1	有 PWM 频率信号选择

如表4.29所示，选择PWM频率信号时，SW2（端子N0.8）和SW3（端子N0.9）的功能将强制性变为PWM控制专用。这时：

① 端子N0.8：频率信号切换输入端子。

ON：参数P09设定的信号。

OFF：PWM频率信号。

② 端子N0.9：PWM频率信号输入端子

参数P23：PWM信号平均次数，数据设定范围（次）：1～100。

参数P24：PWM信号周期，数据设定范围(ms)：1～999，以PWM输入信号周期的±12.5%以内的值设定数据。

任务1　用变频器控制电动机的启停及正反转

一、任务目的
① 按下SW0按钮，电机启动，松开SW0，电机停止；按下SW2电机反转运行。

② 按下SW0按钮，电机正转运行；按下SW2电机反转运行。

二、任务分析
变频器参数P08用于控制运行、停止、正转、反转。

当参数P08=3时，N0.5端子控制电机的运行与停止，N0.6端子控制电机的正反转运行。

当参数P08=5时，N0.5端子控制电机的正转运行，N0.6端子控制电机的反转运行。

三、任务实施
按下述步骤设置变频器。

1. 系统接线
关闭变频器的电源，将变频器的N0.5端子与SW0相连，N0.6端子与SW2相连。同时注意将变频器的N0.3端子与"电源输出负端"相连。

2. 系统调试
① 打开变频器电源，向下拨动SW0按钮子开关，电机运行。

② 向下拨动SW2按钮子开关，电机停止运行。

③ 观察电机运行情况，查看状态是否正常。

④ 修改参数P08=5，修改方法如图4.41所示，观察电机运行情况。

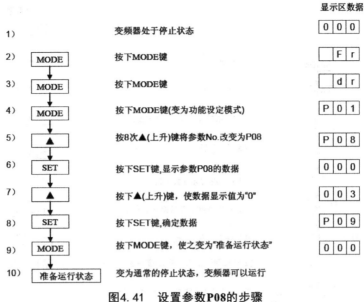

		显示区数据
1)	变频器处于停止状态	0 0 0
2) MODE	按下MODE键	F r
3) MODE	按下MODE键	d r
4) MODE	按下MODE键(变为功能设定模式)	P 0 1
5) ▲	按8次▲(上升)键将参数No.改变为P08	P 0 8
6) SET	按下SET键,显示参数P08的数据	0 0 0
7) ▲	按下▲(上升)键,使数据显示值为"0"	0 0 3
8) SET	按下SET键,确定数据	P 0 9
9) MODE	按下MODE键,使之变为"准备运行状态"	0 0 0
10) 准备运行状态	变为通常的停止状态,变频器可以运行	

图4.41　设置参数P08的步骤

任务2　用变频器对电动机实现多段速控制

一、任务目的

利用SW1、SW2、SW3三个开关信号选择切换8种频率进行控制。

二、任务分析

利用变频器的多功能输入端子N0.7、N0.8、N0.9可选择9种功能,其中之一就是用SW1、SW2、SW3三个开关信号进行速度切换控制。

在多级调速控制中,最多可切换8种频率,其中第1速由参数P09设定(默认P09=0,为面板电位器),第2速由参数P32设定,第3速由P33设定,第4速由P34设定,第5速由P35设定,第6速由P36设定,第7速由P37设定,第8速由P38设定。至于变频器的启动与停止可采用子任务1的控制方式,即按下SW0按钮,电机启动,松开SW0,电机停止;按下SW2电机反转运行。

多段调速要求参数P19、P20、P21设定为0,即采用默认设置。

三、任务实施

1. 参数设定

按照图4.42所示设置P32参数值。

根据同样设置步骤,依次将P33设定为15.0,P34设定为20.0,P35设定为25.0,P36设定为30.0,P37设定为35.0,P38设定为40.0,同时将面板定位器向右旋转到最大,即可把第一速度设定为50.0Hz。

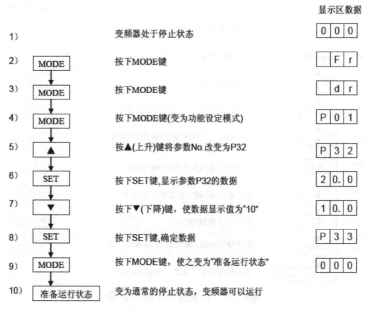

图4.42　设置参数P32的步骤

2. 系统接线

关闭变频器的电源，分别将变频器的N0.5、N0.6、N0.7、N0.8、N0.9端子与SW0、SW1、SW2、SW3、SW4相连，同时注意将变频器的N0.3端子与"电源输出负端"相连。

3. 系统调试

打开变频器电源。拨动按钮子开关SW0，启动变频器正转。分别将按钮子开关SW2、SW3、SW4的状态置为000、001、010、011、100、101、110、111，观察电机转速的变化。

注：SW2、SW3、SW4的不同状态对应三位数字的不同组合，第一个数字代表SW2，第二个数字代表SW3，第三个数字代表SW4。如110的含义是SW2闭合，SW3闭合，SW4断开。

任务3　用PLC与变频器控制电动机的启停及正反转

一、任务目的

利用PLC控制变频器的启动停止。按下启动按钮，变频器延迟2秒后运行，先正转运行10秒，再反转运行10秒后停止运行。

二、任务分析

利用PLC的继电控制功能，可以让PLC控制变频器的启动运行。

三、任务实施

1. 输入、输出地址分配

表4.30　系统的I/O地址分配

输 入 接 口			输 出 接 口		
PLC端	单元板端口	注　释	PLC端	变频器接口	注　释
I0.0	SW0	启动按钮	Q0.0	N0.9	控制变频器启动
			Q0.1	N0.6	控制变频器正反转

2. 编写程序

梯形图程序如图4.43所示。

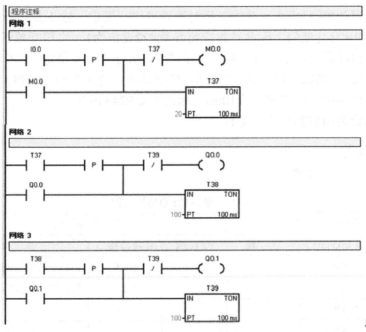

图4.43　梯形图程序

3. 设定参数

设置变频器参数P08=2。设置方法参见任务1。

4. 设备连线及运行

先关闭变频器电源，再关闭系统电源。按照I/O分配表将对应的端口连接在一起，将PLC输出端与变频器对应的端子进行连接。将PLC的COM端口线连接在一起，并将变频器的端口与输出电源负载短接在一起。SW0与I0.0相连，Q0.0连接变频器的N0.5端子，Q0.1连接变频器的N0.6端子，接线完毕。

检查线路没有问题后，打开电源，在计算机上输入程序下载到PLC中去，然后将PLC拨到"RUN"档。拨动SW0开关，观察变频器的动作，检查是否满足要求。

任务4　用 PLC 的 PWM 功能控制变频器的运行

一、任务目的

利用PLC的PWM功能控制变频器的运行。频率可在10～50Hz之间进行阶跃变化,每5Hz作为一档变化, 可手动进行加速和减速调整。

二、任务分析

PWM 控制技术是变频器常用的一个控制技术, 特别是现在, PLC 都具有 PWM 输出功能。

要实现变频器的PWM功能, 首先必须对变频器进行设定。松下变频器内部参数P22、P23、P24是针对PWM功能的。因此首先应将参数P22设定为1, 启用变频器的PWM功能。参数P23决定PWM周期的指令平均次数, 数据越大, 运行速度越稳定, 但响应速度会变慢,在这里, 将其值设定为50。参数P24决定PWM信号周期, 这个数值应与PLC输出的PWM的周期吻合, 在本任务中, 将周期定为10ms, 因此参数P24=10.0。

变频器参数设定的步骤参见任务1。

三、任务实施

1. 输入、输出地址分配

表4. 31　系统的I/O地址分配

输　入　接　口			输　出　接　口		
PLC端	单元板端口	注　释	PLC端	变频器接口	注　释
I0.0	SW0	启动按钮	Q0.0	N0.9	PWM 输出控制变频器
I0.1	SW1		Q0.1	N0.5	控制变频器启动
I0.2	SW2				
I0.3	SW3				

2. 使用向导

西门子编程软件STEP7-MICRO/WIN自带位置控制向导, 通过使用向导可以方便地应用PWM输出功能。这里以使用向导为例介绍PLC的PWM输出功能。

① 启动编程软件STEP7-MICRO/WIN, 打开"工具"菜单, 单击"位置控制向导"命令, 如图4.44所示。

② 打开位置控制向导界面,进入运动控制功能选择对话框。PLC的运动控制分为两种,一种是利用自身带的脉冲输出功能, 另一种是配置EM253位控模块。这里选择PLC本身的脉冲输出功能, 即"配置S7-200PLC 内置PTO/PWM操作", 如图4.45所示。完成后单击"下一步"。

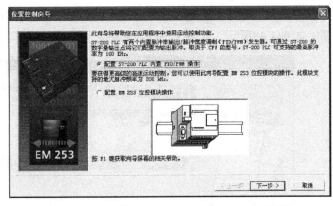

图4.44　选择"位置控制向导"　　　　图4.45　配置S7-200PLC内置PTO/PWM操作

③ 进入脉冲发生器选择界面。S7-200 PLC提供两个脉冲发生器，一个分配给数字量输出点Q0.0，另一个分配给数字量输出点Q0.1。这两个通道在应用上没有区别，可以任意选择一个。在这里选择Q0.0，如图4.46所示。完成操作后单击"下一步"。

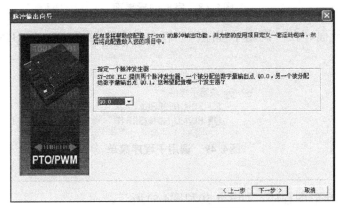

图4.46　脉冲发生器选择界面

④ 进入PTO或PWM选择和时间基数选择的对话框。脉冲发生器可配置为用于线性脉冲串输出(PTO)，也可以选择脉冲宽度调制(PWM)。对于变频器控制，只能选择PWM功能。对话框下方，要求选择周期的时间基数和脉冲宽度的时间基数。为了与变频器的周期(1ms～999ms)相匹配，选择时间基数为毫秒，如图4.47所示。完成后单击"下一步"。

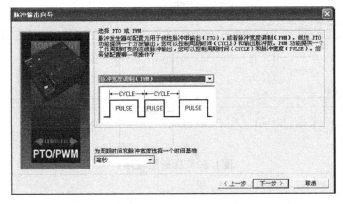

图4.47　PTO或PWM选择和时间基数选择界面

⑤ 完成向导。完成了上述步骤的操作以后，向导会给用户提供一个名为PWM0_RUN的子程序，如图4.48所示。在系统中编写调用子程序的操作，即可完成相应的程序设计。

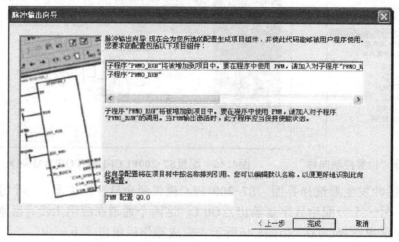

图4.48　完成向导界面

⑥ 回到编程界面，在"调用子程序"一栏中就会增加"PWM0_RUN(SBR1)"项，如图4.49所示。

图4.49　调用子程序菜单

3. 编写程序

根据要求编写梯形图程序，如图4.50和图4.51所示。

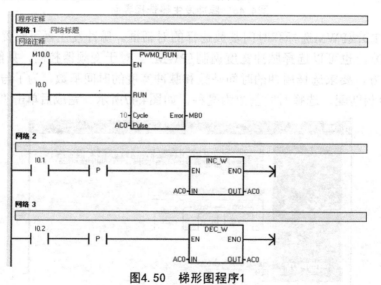

图4.50　梯形图程序1

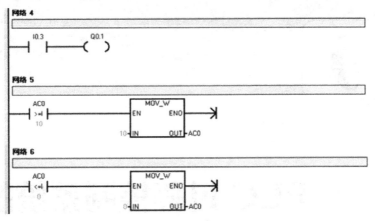

图4.51　梯形图程序2

4. 程序分析

当触点I0.0为1时，子程序PWM0_RUN（SBR1）开始运行，系统输出周期为10ms的PWM波形，同时波形的宽度数值由累加寄存器AC0决定。

当触点I0.1每置1一次时，寄存器AC0存储的数值自动加1（初始值为0），触点I0.2每置1一次时，寄存器AC0里面的数值自动减1。这样通过调节触点I0.1、I0.2可以改变输出波形的宽度，从而改变变频器的频率。

I0.3用于启动变频器，当I0.3置1时，输出点Q0.1有输出，启动变频器。要求变频器参数P08=2。

由于I0.1、I0.2每动作一次，变化数值为1，而PLC输出的PWM的周期为10，因此PWM的脉冲宽度就从10%开始向上跳变，输出的频率为10Hz，每变化一次，输出频率就会相应增加或减少5Hz。当动作次数到达10次时，输出波形为100%脉冲宽度，再调速就没有什么实际意义，因此通过比较指令将AC0寄存器里面的数值限定在0～10，从而完成控制要求。

5. 设备接线及运行

先关闭变频器电源，再关闭系统电源。按照I/O分配表将对应的端口连接在一起，将PLC输出端与变频器对应的端子进行连接。将PLC的COM端口线连接在一起，并将变频器的端口与输出电源负载短接在一起。SW0与I0.0相连，SW1与I0.1相连，SW2与I0.2相连，SW3与I0.3相连，Q0.0连接变频器的N0.9端子，Q0.1连接于变频器的N0.5端子，接线完毕。

检查线路没有问题后，打开电源，在计算机上输入程序下载到PLC中去，然后将PLC拨到"RUN"档。拨动SW3开关，启动变频器，拨动SW0，PLC输出PWM波，拨动SW1，电机开始以10Hz的频率运行，每拨动一次，频率向上增加5Hz，直到频率达到50Hz为止。

每拨动一次SW2，频率向下递减5Hz，直到频率达到0为止，电机停止运行。检查是否满足要求。

模块 5

PLC 过程控制系统的设计

项目 1　PLC 模拟量处理

一、项目目的

在工业控制中,某些输入量(如压力、温度、流量、转速等)是模拟量,某些执行机构(如电动调节阀、变频器等)要求 PLC 输出模拟信号。本项目通过设计过程控制系统,掌握模拟量扩展模块接线图及模块设置、模拟量扩展模块的寻址、模拟量值和 A/D 转换值的转换。

二、知识链接

1. EM235 模拟量扩展模块接线

EM235 是最常用的模拟量扩展模块,它用来实现 4 路模拟量输入和 1 路模拟量输出功能。图 5.1 显示了模拟量扩展模块的接线方法,对于电压信号,按正、负极直接接入 X+和 X−;对于电流信号,将 RX 和 X+短接后接入电流输入信号的"+"端;未连接传感器的通道要将 X+和 X−短接。

对于某一模块,只能将输入端同时设置为一种量程和格式,即相同的输入量程和分辨率(后面将详细介绍)。EM235 的常用技术参数如表 5.1 所示。

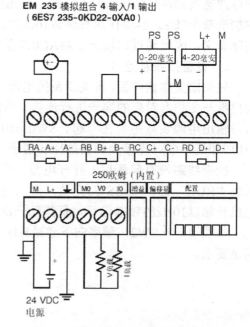

EM 235 模拟组合 4 输入/1 输出
(6ES7 235-0KD22-0XA0)

图 5.1　EM235 模拟量扩展模块接线

表 5.1　EM235 的常用技术参数表

模拟量输入特性	
模拟量 输入点数	4
输入范围	电压(单极性)0～10V、0～5V、0～1V、0～500mV、0～100mV、0～50mV
	电压(双极性)±10V、±5V、±2.5V、±1V、±500mV、±250mV、±100mV、±50mV、±25mV
	电流 0～20mA
数据字格式	双极性 全量程范围-32000～+32000 单极性 全量程范围 0～32000
分辨率	12 位 A/D 转换器
模拟量输出特性	
模拟量 输出点数	1
信号范围	电压输出 ±10V、电流输出 0～20mA
数据字格式	电压-32000～+32000、电流 0～32000
分辨率电流	电压 12 位、电流 11 位

2. EM235 模块 DIP 设置

模拟量输入模块有多种量程，可以通过模块上的 DIP 开关来设置所使用的量程，CPU只在电源接通时读取开关设置。表 5.2 说明如何用 DIP 开关设置 EM235 扩展模块，开关 1到 6 可选择输入模拟量的单/双极性、增益和衰减。

表 5.2　EM235 DIP 开关设置

EM235 开关						单/双极性选择	增益选择	衰减选择
SW1	SW2	SW3	SW4	SW5	SW6			
					ON	单极性		
					OFF	双极性		
			OFF	OFF			×1	
			OFF	ON			×10	
			ON	OFF			×100	
			ON	ON			无效	
ON	OFF	OFF						0.8
OFF	ON	OFF						0.4
OFF	OFF	ON						0.2

由上表可知，DIP 开关 SW6 决定模拟量输入的单双极性，当 SW6 为 ON 时，模拟量输入为单极性输入；当 SW6 为 OFF 时，模拟量输入为双极性输入。SW4 和 SW5 决定输入模拟量的增益选择，而 SW1、SW2、SW3 共同决定了模拟量的衰减选择。根据表 5.2 中6 个 DIP 开关的功能进行排列组合，所有的输入设置如表 5.3 所示。

表 5.3　EM235 分辨率设置

单极性						满量程输入	分辨率
SW1	SW2	SW3	SW4	SW5	SW6		
ON	OFF	OFF	ON	OFF	ON	0 到 50mV	12.5μV
OFF	ON	OFF	ON	OFF	ON	0 到 100mV	25μV
ON	OFF	OFF	OFF	ON	ON	0 到 500mV	125μV
OFF	ON	OFF	OFF	ON	ON	0 到 1V	250μV
ON	OFF	OFF	OFF	OFF	ON	0 到 5V	1.25mV
ON	OFF	OFF	OFF	OFF	ON	0 到 20mA	5μA
OFF	ON	OFF	OFF	OFF	ON	0 到 10V	2.5mV
双极性						满量程输入	分辨率
SW1	SW2	SW3	SW4	SW5	SW6		
ON	OFF	OFF	ON	OFF	OFF	±25mV	12.5μV
OFF	ON	OFF	ON	OFF	OFF	±50mV	25μV
OFF	OFF	ON	ON	OFF	OFF	±100mV	50μV
ON	OFF	OFF	OFF	ON	OFF	±250mV	125μV
OFF	ON	OFF	OFF	ON	OFF	±500mV	250μV
OFF	OFF	ON	OFF	ON	OFF	±1V	500μV
ON	OFF	OFF	OFF	OFF	OFF	±2.5V	1.25mV
OFF	ON	OFF	OFF	OFF	OFF	±5V	2.5mV
OFF	OFF	ON	OFF	OFF	OFF	±10V	5mV

6 个 DIP 开关决定了所有的输入设置。也就是说开关的设置应用于整个模块，开关设置只有在重新上电后才能生效。

3. EM235 模块输入校准

模拟量输入模块使用前应进行输入校准。其实出厂前已经进行了输入校准，如果 OFFSET 和 GAIN 电位器被重新调整，需要重新进行输入校准。其步骤如下：

① 切断模块电源，选择需要的输入范围。

② 接通 CPU 和模块电源，使模块稳定 15 分钟。

③ 用一个变送器、一个电压源或一个电流源，将零值信号加到一个输入端。

④ 读取适当的输入通道在 CPU 中的测量值。

⑤ 调节 OFFSET（偏置）电位计，直到读数为零，或为所需要的数字数据值。

⑥ 将一个满刻度值信号接到输入端子中的一个，读出送到 CPU 的值。

⑦ 调节 GAIN（增益）电位计，直到读数为 32000 或所需要的数字数据值。

⑧ 必要时，重复偏置和增益校准过程。

4. EM235 输入数据字格式

EM235 输入数据字格式如图 5.2 所示。

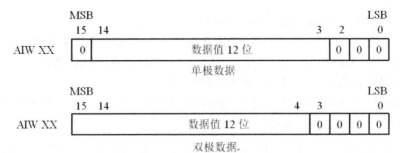

图 5.2　模拟量输入数据格式

由图 5.2 可知，模拟量到数字量转换器(A/D)的 12 位读数是左对齐的。最高有效位是符号位，0 表示正值。在单极性格式中，3 个连续的 0 使得模拟量到数字量转换器每变化 1 个单位，数据字以 8 个单位变化。在双极性格式中，4 个连续的 0 使得模拟量到数字量转换器每变化 1 个单位，数据字以 16 为单位变化。

在读取模拟量时，利用数据传送指令 MOVW，可以从指定的模拟量输入通道将其读取到内存中，然后根据极性，利用移位指令或整数除法指令将其格式化，以便于处理数据值部分。

5. EM235 输出数据字格式

EM235 输出数据字格式如图 5.3 所示。

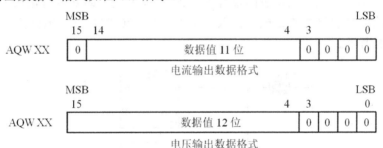

图 5.3　模拟量输出数据格式

数字量到模拟量转换器(D/A)的 12 位读数在其输出格式中是左端对齐的，最高有效位是符号位，0 表示正值。

在输出模拟量时，首先根据电流输出方式或电压输出方式，利用移位指令或整数乘法指令对数据值部分进行处理，然后利用数据传送指令 MOVW，将其从指定的模拟量输出通道输出。

6. 模拟量处理

假设模拟量的标准电信号是 $A0 \sim Am$(如：$4 \sim 20mA$)，A/D 转换后数值为 $D0 \sim Dm$(如：$6400 \sim 32000$)，设模拟量的标准电信号是 A，A/D 转换后的相应数值为 D，如图 5.4 所示，由于是线性关系，函数关系 $A = f(D)$ 可以表示为：

$$A = (D-D0) \times (Am-A0)/(Dm-D0)+A0$$

根据该表达式，可以方便地根据 D 值计算出 A 值，还可以得出函数关系 $D = f^{-1}(A)$ 为：

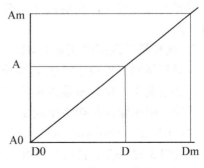

图 5.4　模拟量线性关系图

$$D=(A-A0)\times(Dm-D0)/(Am-A0)+D0$$

具体举一个实例，以 S7-200 和 4～20mA 为例，经 A/D 转换后，得到的数值是 6400～32000，即 A0＝4，Am＝20，D0＝6400，Dm＝32000，代入公式，得出：

$$A=(D-6400)\times(20-4)/(32000-6400)+4$$

假设该模拟量与 AIW0 对应，则当 AIW0 的值为 12800 时，相应的模拟电信号是：

$$6400\times16/25600+4=8mA$$

【例 5.1】某温度传感器，-10～60℃与 4～20mA 相对应，以 T 表示温度值，AIW0 为 PLC 模拟量采样值，则根据上式直接代入得出：

$$T=70\times(AIW0-6400)/25600-10$$

T 为直接显示的温度值。

【例 5.2】某压力变送器，当压力达到满量程 5MPa 时，压力变送器的输出电流是 20mA，AIW0 的数值是 32000。可见，每毫安对应的 A/D 值为 32000/20，测得当压力为 0.1MPa 时，压力变送器的电流应为 4mA，A/D 值为 (32000/20)×4＝6400。由此得出，AIW0 的数值转换为实际压力值（单位为 KPa）的计算公式为：

VW0 的值＝(AIW0 的值-6400)(5000-100)/(32000-6400)＋100 　　　（单位：KPa）

【例 5.3】采用 CPU222，带一个 EM235，该模块的第一个通道连接一块带 4～20mA 变送输出的温度显示仪表，该仪表的量程设置为 0～100 度，即 0 度时输出 4mA，100 度时输出 20mA。温度显示仪表的铂电阻输入端接入一个 220 欧姆可调电位器，实现上述要求的程序如图 5.5 所示。

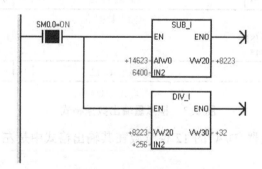

图 5.5　温度监控程序

温度显示值＝(AIW0-6400)/256

编译并运行程序，观察程序状态，VW30 即为显示的温度值，对照仪表，检查显示值是否一致。

7. 模拟量输入扩展模块 EM231

对模拟量输入模块 EM231，可选择的输入信号类型有电压型、电流型、电阻型、热电阻型、热电偶型。模拟量输入模块 EM231 接线图如图 5.6 所示，有 4 路输入，每 3 个接线端子一路，电压输入时接 2 个端子(A+、A-)，电流输入时接三个端子(RC、C+、C-)，RC 与 C+端子短接，未用的输入通道应短接，需要 24V 直流工作电源，接模块的 M 和 L+。DIP 开关的 3 种状态组合用来设置输入信号的量程，如图 5.7 所示。增益电位器 GAIN 用于调整增益，使输入信号为满量程时对应的数字量信号为 32000。

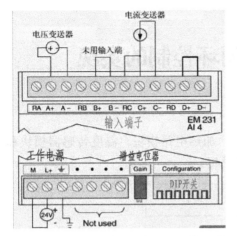

图 5.6　EM231 模拟量模块外部接线图

EM231 模块上DIP开关的设置

单极性模拟量			满量程输入	分辨率
SW1	SW2	SW3		
ON	OFF	ON	0 ~ 10V	2.5mV
	ON	OFF	0 ~ 5V	1.25mV
			0 ~ 20mA	5 μ A
双极性模拟量			满量程输入	分辨率
SW1	SW2	SW3		
OFF	OFF	ON	± 5V	2.5mV
	ON	OFF	± 2.5V	1.25mV

图 5.7　EM231 模拟量模块 DIP 开关状态组合图

注意，每个模拟量输入模块上的所有输入信号必须一致，即必须都是电流信号或相同等级的电压信号。

【例 5.4】从模拟量输入通道 AIW2 读取 0～10V 的模拟量，并将其存入 VW100 中。如图 5.8 所示，EM231 的 DIP 开关中，SW1、SW2、SW3 分别设置为 ON、OFF、ON，设定的量程为单极性 0～10V，输入数据范围为 0～32000，其数据格式参见前文所述。利用实验板上的电位器可以输入 0～10V 电压，可以用"状态图"方式观察 VW100 中数据的变化。

【例 5.5】从模拟量输出通道 AQW0 输出 10V 电压，控制恒温箱加热板。采用 EM232 扩展模块，其输出电压范围为-10V～10 V，数据范围为-32000～32000，相应的数据值为-2000～2000。实现上述要求的程序如图 5.9 所示。

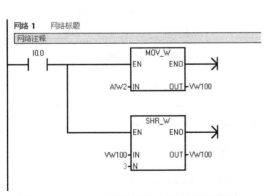

图 5.8　EM231 模拟量输入模块应用程序

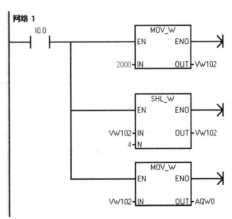

图 5.9　EM232 模拟量输出模块应用程序

项目 2　温度 PID 闭环控制的实现

一、项目目的

在如图 5.10 所示的恒温控制系统中，由 PLC、加热电路模块、温度传感器模块和电炉构成一个闭合控制回路，用来实现电炉内温度的稳定。

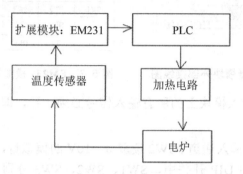

图 5.10　温度 PID 闭环控制系统方框图

二、项目分析

在恒温控制系统中，采用电加热器加热，温度传感器用热电偶检测，与热电偶型温度传感器匹配的模拟量输入模块 EM231 将温度转换为数字量输出，PLC 比较检测到的温度与温度设定值，通过 PLC 的 PID 控制改变加热器的加热时间，从而实现对温度的闭环控制，如图 5.11 所示。

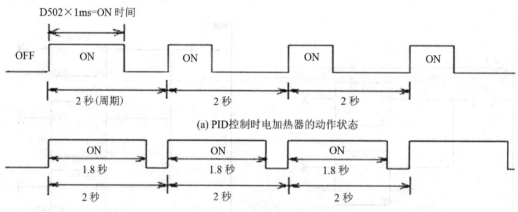

图 5.11　PID 控制时序图

三、知识链接

1. 温度传感器

温度传感器是把温度值转换为电量的传感器，温度传感器的种类很多，按照传感器材料及电子元件特性分为热电阻和热电偶两类，而热电偶传感器在工业中应用最为广泛。

热电偶的工作原理是热电效应，热电效应是指两种不同成分的导体，两端经焊接后形成回路，直接测量端叫工作端（热端），接线端子端叫冷端，当热端和冷端存在温差时，就会在回路里产生热电流的现象，如图 5.12 所示。在回路中接上显示仪表，仪表上就会指示所产生的热电动势，电动势随温度升高而增长。

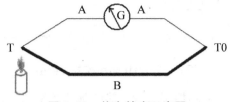

图 5.12　热电效应示意图

热电偶测温的基本定律如下：

① 均质导体定律：由一种均质导体组成的闭合回路，不论导体的横截面积、长度以及温度分布如何，均不产生热电动势。

② 中间导体定律：在热电偶回路中接入第三种材料的导体，只要其两端的温度相等，该导体的接入就不会影响热电偶回路的总热电动势。

总之，热电动势的大小只和热电偶的材质以及两端的温度有关，而和热电偶的长短粗细无关。热电偶参数如表 5.4 所示。

表 5.4　热电偶参数表

通道数	对应传感器	输入方式		绝缘		尺寸（mm）（宽）×（厚）×（高）
		项目	温度输入	内部一通道间	各通道间	
4	热电偶 K/J 型	输入范围	K 型：-100～1200℃ 数字输出：-1000～12000 J 型：-100～600℃ 数字输出：-1000～600	绝缘	不绝缘	55×87×90
		分辨率	K 型：0.4℃ J 型：0.3℃			

2. PID 控制

控制系统一般包括开环控制系统和闭环控制系统。开环控制系统（Open-loop Control System）是指被控对象的输出（被控制量）对控制器的输出没有影响，在这种控制系统中，无反馈回路。闭环控制系统（Closed-loop Control System）的特点是系统被控对象的输出（被控制量）会反送回来影响控制器的输出，形成一个或多个闭环。闭环控制系统有负反馈和正反馈，若反馈信号与系统给定值信号相反，称为负反馈（Negative Feedback）；若极性相同，称为正反馈（Positive Feedback）。一般闭环控制系统均采用负反馈，又称负反馈控制系统。

闭环控制系统性能远优于开环控制系统。在工业生产中，常需要用闭环控制方式来实现温度、压力、流量等连续变化模拟量的控制，应用最广泛的调节器控制规律为比例、积分、微分控制，简称 PID 控制，又称 PID 调节。当被控对象的结构和参数不能完全掌握，或得不到精确的数学模型、控制理论的其它技术难以采用时，系统控制器的结构和参数必须依靠经验和现场调试来确定，这时应用 PID 控制技术最为方便。PID 控制器根据系统的误差，利用比例、积分、微分计算出控制量进行控制。PID 控制的结构如图 5.13 所示。

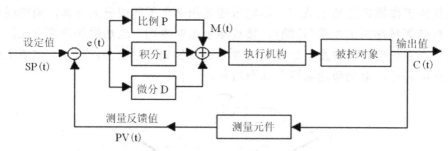

图 5.13 **PID 闭环控制方框图**

比例(P)控制是一种最简单的控制方式。其控制器的输出与输入信号成比例关系，当然对输入误差也具有比例放大的作用，仅有比例控制时，系统输出存在稳态误差。

积分(I)控制器的输出与输入误差信号的积分成正比关系。积分项的误差取决于时间的积分，随着时间的增加，积分项也会增大。这样，即便误差很小，积分项也会随着时间的增加而加大，它推动控制器的输出增大使稳态误差进一步减小，直到等于零。因此，"比例+积分"(PI)控制器，可以使系统在进入稳态后无稳态误差。

微分(D)控制器的输出与输入误差信号的微分(即误差的变化率)成正比关系。自动控制系统在克服误差的调节过程中可能会出现振荡甚至失稳。其原因是由于存在较大惯性组件(环节)或滞后组件，这些组件具有抑制误差的作用，其变化总是落后于误差的变化。加入微分环节，能敏感觉察出误差的变化趋势，将有助于减小超调，克服系统震荡，使系统趋于稳定，从而改善系统的动态性能，所以对有较大惯性或滞后的被控对象，"比例+微分"(PD)控制器能改善系统在调节过程中的动态特性。它的缺点是对干扰同样敏感，使系统抑制干扰的能力降低。

如图 5.13 所示，PID 控制器调节输出，保证偏差(e)为零，使系统达到稳定状态，偏差是给定值(SP)和过程变量(PV)的差。

PID 控制的原理基于以下公式：

$$M(t) = K_c \times e + K_J \int_0^1 e\mathrm{d}t + M_{initial} + K_D \times \frac{\mathrm{d}e}{\mathrm{d}t}$$

式中，$M(t)$ 是 PID 回路的输出；K_c 是 PID 回路的增益；K_J 是积分项的比例常数；K_D 是微分项的比例常数；e 是 PID 回路的偏差(给定值与过程变量的差)；$M_{initual}$ 是 PID 回路输出的初始值。以上算式中的运算对象是连续量，必须将这些连续量离散化才能在计算机中运算，离散后的方框图如图 5.14 所示。

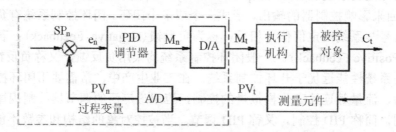

图 5.14 **典型数字量 PID 闭环控制方框图**

离散处理后的算式如下：

$$M_n=K_c\times(SP_n-PV_n)+K_c\times(T_s/T_i)\times(SP_n-PV_n)+M_x+K_c\times(T_d/T_s)\times(PV_{n-1}-PV_n)$$

式中，M_n 是在第 n 个采样时刻时 PID 回路输出的计算值，K_c 是 PID 回路的增益，M_x 是积分项的上一次值，T_s 是采样时间，T_i 是积分时间，T_d 是微分时间，SP_n 是给定值，是 PV_n 过程变量当前值，PV_{n-1} 是过程变量的前一个值，共 9 个参数即可实现 PID 的运算控制。

PID 控制器的参数整定是控制系统设计的核心内容，它根据被控过程的特性确定 PID 控制器的比例系数、积分时间和微分时间的大小。在实际调试中，一般先大致设定一个经验值，然后根据调节效果修改。

① 对于温度系统，P(%)：20~60，I(分)：3~10，D(分)：0.5~3。

② 对于流量系统，P(%)：40~100，I(分)：0.1~1。

③ 对于压力系统，P(%)：30~70，I(分)：0.4~3。

④ 对于液位系统，P(%)：20~80，I(分)：1~5。

调整口诀如下：

参数整定找最佳，从小到大顺序查；先是比例后积分，最后再把微分加；
曲线振荡很频繁，比例度盘要放大；曲线漂浮绕大弯，比例度盘往小扳；
曲线偏离回复慢，积分时间往下降；曲线波动周期长，积分时间再加长；
曲线振荡频率快，先把微分降下来；动差大来波动慢，微分时间应加长；
理想曲线两个波，前高后低 4 比 1；一看二调多分析，调节质量不会低。

3. 中断程序

在 PID 编程中，需要用到中断程序，下面介绍相关知识。S7-200 设置了中断功能，用于实时控制、高速处理、通信和网络等复杂和特殊的控制任务。中断就是终止当前正在运行的程序，转去执行为立即响应的信号而编制的中断服务程序，执行完毕再返回原先被终止的程序并继续运行。中断事件和中断优先级如表 5.5 所示。

表 5.5　中断事件及优先级

优先级分组	组内优先级	中断事件号	中断事件说明	中断事件类别
通信中断	0	8	通信口 0：接收字符	通信口 0
	0	9	通信口 0：发送完成	
	0	23	通信口 0：接收信息完成	
	1	24	通信口 1：接收信息完成	通信口 1
	1	25	通信口 1：接收字符	
	1	26	通信口 1：发送完成	
I/O 中断	0	19	PTO 0 脉冲串输出完成中断	脉冲输出
	1	20	PTO 1 脉冲串输出完成中断	
	2	0	I0.0 上升沿中断	外部输入
	3	2	I0.1 上升沿中断	
	4	4	I0.2 上升沿中断	
	5	6	I0.3 上升沿中断	
	6	1	10.0 下降沿中断	
	7	3	I0.1 下降沿中断	

优先级分组	组内优先级	中断事件号	中断事件说明	中断事件类别
I/O 中断	8	5	I0.2 下降沿中断	
	9	7	I0.3 下降沿中断	
	10	12	HSC0 当前值=预置值中断	高速计数器
	11	27	HSC0 计数方向改变中断	
	12	28	HSC0 外部复位中断	
	13	13	HSC1 当前值=预置值中断	
	14	14	HSC1 计数方向改变中断	
	15	15	HSC1 外部复位中断	
	16	16	HSC2 当前值=预置值中断	
	17	17	HSC2 计数方向改变中断	
	18	18	HSC2 外部复位中断	
	19	32	HSC3 当前值=预置值中断	
	20	29	HSC4 当前值=预置值中断	
	21	30	HSC4 计数方向改变	
	22	31	HSC4 外部复位	
	23	33	HSC5 当前值=预置值中断	
定时中断	0	10	定时中断 0	定时
	1	11	定时中断 1	
	2	21	定时器 T32 CT=PT 中断	定时器
	3	22	定时器 T96 CT=PT 中断	

中断指令有 4 条，包括开中断指令、关中断指令、中断连接指令、中断分离指令，如表 5.6 所示。开中断(ENI)指令全局性允许所有中断事件；关中断(DISI)指令全局性禁止所有中断事件；中断连接(ATCH)指令将中断事件(EVNT)与中断程序号码(INT)相连接，并启用中断事件；分离中断(DTCH)指令取消某中断事件(EVNT)与所有中断程序之间的连接，并禁用该中断事件。

注意：一个中断事件只能连接一个中断程序，但多个中断事件可以调用同一个中断程序。

表 5.6　中断指令

指令名称	LAD	STL	操作数及数据类型
开中断指令	—(ENI)	ENI	无
关中断指令	—(DISI)	DISI	无
中断连接指令	ATCH EN　ENO ????—INT ????—EVNT	ATCH INT, EVNT	INT：常量，0～127 EVNT：常量，CPU 224：0～23；27～33 INT/EVNT 数据类型：字节
中断分离指令	DTCH EN　ENO ????—EVNT	DTCH EVNT	EVNT：常量， CPU 224：0～23；27～33 数据类型：字节

4. PID 指令

在工业生产过程中，模拟信号 PID（由比例、积分和微分构成的闭合回路）调节是常见的控制方法。运行 PID 控制指令，S7-200 系列 PLC 将根据参数表中的输入测量值、控制设定值及 PID 参数，进行 PID 运算，求得输出控制值。参数表中有 9 个参数，全部是 32 位实数，共占用 36 个字节。PID 控制回路的参数表如表 5.7 所示。

表 5.7　PID 控制回路参数表

偏移地址	参　　数	数据格式	参数类型	描　　述
0	过程变量 PV_n	REAL	输入/输出	必须在 0.0～1.0 之间
4	给定值 SP_n	REAL	输入	必须在 0.0～1.0 之间
8	输出值 M_n	REAL	输入	必须在 0.0～1.0 之间
12	增益 K_c	REAL	输入	增益是比例常数，可正可负
16	采样时间 T_s	REAL	输入	单位为秒，必须是正数
20	积分时间 T_i	REAL	输入	单位为分钟，必须是正数
24	微分时间 T_d	REAL	输入	单位为分钟，必须是正数
28	上一次积分值 M_x	REAL	输入	必须在 0.0～0.1 之间
32	上一次过程变量 PV_{n-1}	REAL	输入	最后一次 PID 运算过程变量值
36～79	保留自整定变量			

在 S7-200 系列 PLC 中，PID 编程的方法有 2 种，PID 指令和 PID 指令向导。

PID 回路（PID）指令功能：当使能有效时，根据表格（TBL）中的输入和配置信息对引用 LOOP 执行 PID 回路计算。PID 指令的格式如表 5.8 所示。

表 5.8　PID 指令格式

指令名称	LAD	操作数及数据类型
PID 指令	LAD PID EN　ENO TBL LOOP	EN：使能 BOOL
		TBL：参数表的起始地址，数据类型：字节
		LOOP：回路号，常数范围 0～7，数据类型：字节

使用 PID 指令的注意事项：

① 程序中最多可以使用 8 条 PID 指令，回路号为 0～7，不能重复使用。

② PID 指令不对参数表输入值进行范围检查。必须保证过程变量、给定值积分项上一个值和过程变量上一个值在 0.0～0.1 之间。

③ 使 ENO=0 的错误条件：0006（间接地址），SM1.1（溢出，参数表起始地址或指令中指定的 PID 回路指令号操作数超出范围）。

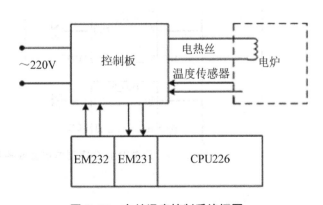

图 5.15　电炉温度控制系统框图

【例 5.6】一个电炉温度控制系统(系统框图如图 5.15 所示)通过控制电热丝的电压控制加热温度，PID 指令的参数表如表 5.9 所示，编写 PLC 控制程序。

表 5.9 电炉温度控制的 PID 参数设置

偏移地址	参 数	描 述
VD100	过程变量 PV_n	温度经过 A/D 转换后的标准化数据
VD104	给定值 SP_n	0.335(最高温度为 1，调节到 0.335)
VD108	输出值 M_n	PID 回路输出值
VD112	增益 K_c	15.2
VD116	采样时间 T_s	1 秒
VD120	积分时间 T_i	9 分钟
VD124	微分时间 T_d	0 分钟
VD128	上一次积分值 M_x	根据 PID 运算结果更新
VD132	上一次过程变量 PV_{n-1}	最后一次 PID 运算过程变量值

程序如图 5.16、图 5.17、图 5.18 所示。

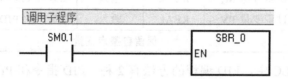

图 5.16 用 PID 指令实现电炉温度控制系统主程序

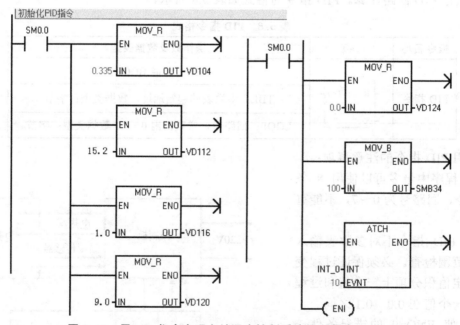

图 5.17 用 PID 指令实现电炉温度控制系统的子程序 SBR_0

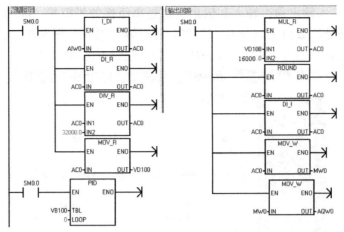

图 5.18 用 PID 指令实现电炉温度控制系统的中断服务子程序 INT-0

S7-200 的编程软件 Micro/WIN 提供了 PID 指令向导，可以通过指令向导自动生成 PID 控制程序。除此之外，PID 指令也同时会被自动调用。使用指令向导的步骤如下：

① 选择运用 PID 算法的回路，本系统就一个回路，故选择回路 0，如图 5.19 所示。

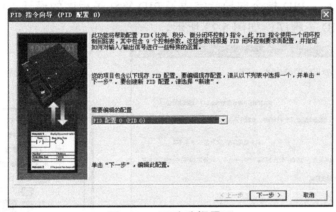

图 5.19 回路选择界面

② 给回路参数定值，本系统采用的铂电阻的测量范围是 0～150 度，故给定值范围的低限和高限分别为 0 和 150，如图 5.20 所示；回路的参数可以先不设定，因为新的 S7-200 CPU 支持 PID 自整定功能。

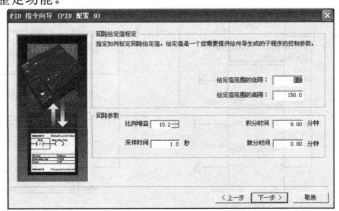

图 5.20 回路给定值范围和参数配置界面

③ 设置回路输入输出项，输入和输出量都是单级性的模拟量，因为 S7-200 的单极性模拟量输入输出信号的数值范围是 0～32000，所以输入项的量程为 0～32000，由于输出时通过的变相器量程只有输入时的一半，故输出的量程设置为 0～16000，如图 5.21 所示。

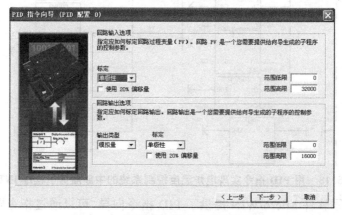

图 5.21 回路输入输出参数配置界面

④ 给该子程序命名和添加手动控制，如图 5.22 所示。

第④步完成以后，PID 指令向导就完成了 PID 算法子程序的设计。此后即可在程序中调用向导生成的 PID 子程序，如图 5.23 所示。

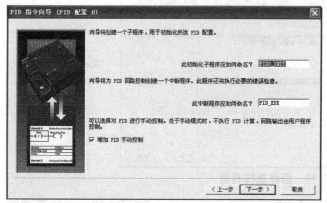

图 5.22 给子程序命名和选择手动控制界面

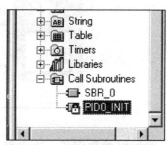

图 5.23 生成子程序界面

图 5.24 是电炉温度控制系统主程序，其中 PID 算法由指令向导生成。

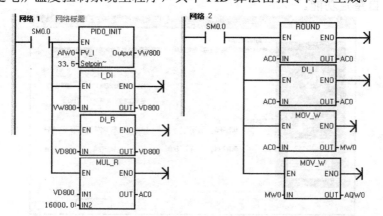

图 5.24 用 PID 指令向导生成的电炉温度控制系统的主程序

5. 参数整定

在进行系统调试时，要得到精确的控制精度，最关键的问题就是整定 PID 控制器三参数（比例系数、积分时间、微分时间）。整定的好坏直接影响到控制质量，为此，需要根据该控制对象的特性确定准确的 PID 参数。

西门子 S7-200 的 V4.0 版的编程软件 STEP7-Micro/WIN 提供了 PID 参数自整定功能，还增加了 PID 整定控制面板。这两项功能相结合，使用户能轻松地实现 PID 的参数自整定，同时可以对最多 8 个回路进行自整定。自整定能提供一组近似最优的整定参数。

西门子 S7-200 的 PID 参数自整定属于基于规则的自整定，此方法对模型要求较少，借助于控制器输出和过程输出变量的观测值来表征动态特性，具有易执行的特点，这种自整定法综合采用专家经验进行整定。但这类方法的理论基础较弱，需要丰富的控制知识，其性能的优劣取决于开发者对控制回路参数整定的经验以及对反馈控制理论的理解程度。

S7-200 使用的自整定算法为 Astrom 和 Hagglun 提出的继电型 PID 自整定控制法，它用继电特性的非线性环节代替 ZN（Ziegler-Nichols）法中的纯比例控制器，使系统出现极限环，从而获取所需的临界值。基于继电反馈的自动整定法避免了 ZN 法整定时间长等问题，且保留其简单性，目前已成为 PID 自动整定方法中应用最多的一种方法。其基本思想是在控制系统中设置两种模态：测试模态和调节模态。在测试模态下，由一个继电非线性环节来测试系统的振荡频率和增益；而在调节模态下，由系统的特征参数首先得到 PID 控制器，然后由此控制器对系统的动态性能进行调节。如果系统的参数发生变化，则需要重新进入测试模态进行测试，测试完毕之后再回到调节模态进行控制。要确定系统的振荡频率 ω_c 与 K_c 增益，比较常用的是描述函数方法，根据非线性环节输入与输出信号之间的基波分量关系来进行近似分析。

西门子 S7-200 的 PID 参数自整定可由 PID 调节控制面板来实现，如图 5.25 所示。

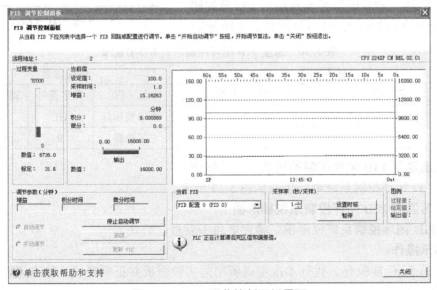

图 5.25 PID 调节控制面板界面

参数整定的操作步骤如下：

① 在 PID 向导中完成 PID 功能配置。

② 打开 PID 调节控制面板，设置 PID 回路调节参数。

在 Micro/WIN V4.0 在线的情况下，进入 PID 调节控制面板，如果面板没有被激活（所有显示都是灰色），可单击配置按钮运行 CPU。在 PID 调节控制面板的"当前 PID"区选择要调节的 PID 回路号，在"调节参数"区选择"手动调节"，调节 PID 参数并单击"更新 PLC"按钮，使新参数值起作用，监视其趋势图，根据调节状况改变 PID 参数直至系统达到预期效果。

③ 在"调节参数"区单击"高级"按钮，打开"高级 PID 自动调节参数"对话框，如图 5.26 所示，设定 PID 自整定选项。如果不是很特殊的系统，也可以不进行这项操作。

④ 手动将 PID 调节到稳定状态：即过程值与设定值接近，输出没有不规律的变化，并最好处于控制范围中心附近。此后可单击"调整参数"区内的"开始自动调节"按钮，启动 PID 自整定功能，这时该按钮变为"停止自动调节"按钮。在自动调解过程中应耐心等待，系统完成自整定后会自动显示计算出的 PID 参数。当"停止自动调节"按钮再次变为"开始自动调节"按钮时，表示系统已经完成了 PID 自整定。要使用自整定功能，必须保证 PID 回路处于自动模式。开始自整定后，给定值不能再改变。

⑤ 如果用户想将 PID 自整定的参数应用到当前 PLC 中，可单击"更新 PLC"按钮。

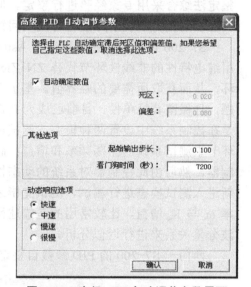

图 5.26　高级 PID 自动调节参数界面

四、项目实施

1. 确定温度 PID 闭环控制系统的 I/O 分配表

温度 PID 闭环控制系统 I/O 分配如表 5.10 所示。

表 5.10　温度 PID 闭环控制系统 I/O 分配表

输入信息			输出信息		
名　称	文字符号	输入地址	名　称	文字符号	输出地址
自动调谐后 PID 控制选择开关	SA	I0.0	故障指示灯	HL	Q0.0
			加热器	R	Q0.1

2. 画出温度 PID 闭环控制系统的电气接线图

温度 PID 闭环控制系统电气接线如图 5.27 所示。

3. 编写温度 PID 闭环控制系统梯形图

温度 PID 闭环控制系统梯形图，请读者思考后自己解决。

4. 演示操作

① 认识 PLC 实验台，找到本次实训所用的实验面板并正确接线，检查无误后，接通实验台电源。

② 打开计算机中的编程软件，编辑图 5.24 所示的控制程序后，下载给 PLC。

③ 使用软件中的运行按钮运行程序，或者把 PLC 的运行开关拨到 RUN 状态运行程序。

④ 打开 PID 调节控制面板，自动调节参数，调节完成后，更新 PLC。

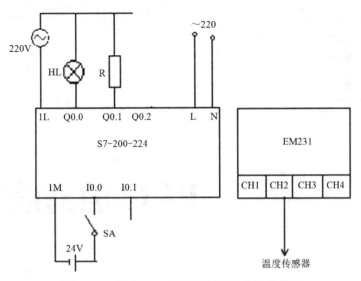

图 5.27　温度 **PID** 闭环控制系统电气接线图

五、恒压供水系统的实现——项目拓展

为达到恒压供水目的，供水系统由多台水泵和一台变频器和 PLC 控制器组成。系统硬件组成如图 5.28 所示。

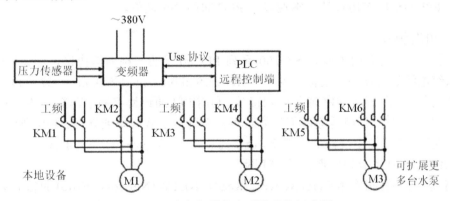

图 5.28　变频恒压供水系统硬件组成图

图 5.28 中的压力传感器用于检测管网中的水压，装设在泵站的出水口。用水量大时，水压降低；用水量小时，水压升高。压力传感器将水压的变化转变为电流或电压信号送给变频器。

根据实际要求，给恒压供水系统设置了如下控制功能。

① 手动：转换开关置于手动位置，能直接启停每台水泵工频运行，每台水泵状态由对应手动开关位置决定。

② 停止：转换开关置于停止位置，设备进入停机状态，任何水泵都不能启动。

③ 自动：转换开关置于自动位置，设备进入自动运行状态，PLC 控制水泵变频运行，循环工作。

模块 *6*

PLC 的通信与网络

项目 1 　 PPI 通信及应用设计

一、项目目的

通过 PPI 通信的应用设计，掌握多台 PLC 间的 PPI 通信。

二、知识链接

PPI 通信协议是西门子专为 S7-200 系列 PLC 开发的一种通信协议，可通过普通的两芯屏蔽双绞电缆进行联网，波特率为 9.6kbit/s、19.2kbit/s 和 187.5kbit/s。S7-200 系列 CPU 上集成的编程口同时就是 PPI 通信联网接口，利用 PPI 通讯协议通信非常方便，只用 NETR 和 NETW 两条语句，即可传递数据信号，不需额外再配置模块或软件。PPI 通信网络是一个令牌传递网，在不加中继器的情况下，最多可以由 31 个 S7-200 系列 PLC、TD200、OP/TP 面板或上位机插 MPI 卡为站点构成 PPI 网。

网络读/网络写指令 NETR(Network Read)/NETW(Network Write)的格式如图 6.1 所示。

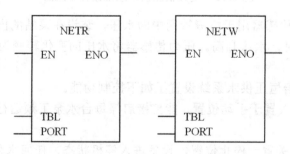

图 6.1　网络读/网络写指令 NETR/NETW

其中：

TBL——缓冲区首址，操作数为字节。

PROT——操作端口，CPU226 为 0 或 1，其他只能为 0。

网络读 NETR 指令通过端口(PROT)接收远程设备的数据并把它保存在表(TBL)中。可从远方站点最多读取 16 个字节的信息。

网络写 NETW 指令通过端口(PROT)向远程设备写入在表(TBL)中的数据。可向远方站点最多写入 16 个字节的信息。

在程序中可以有任意多 NETR/NETW 指令，但在任意时刻最多只能有 8 个 NETR 及 NETW 指令有效。TBL 表的参数定义如表 6.1 所示。

表 6.1 **TBL 表的参数定义**

VB100	D	A	E	0	错误码
VB101	远程站点的地址				
VB102	指向远程站点的数据指针				
VB103					
VB104					
VB105					
VB106	数据长度(1~16 字节)				
VB107	数据字节 0				
VB108	数据字节 1				
...	...				
VB122	数据字节 15				

表中各参数的含义如下：

远程站点的地址——被访问的 PLC 地址。

数据区指针(双字)——指向远程 PLC 存储区中数据的间接指针。

接收或发送数据区——保存数据的 1~16 个字节，其长度在"数据长度"字节中定义。对于 NETR 指令，此数据区是执行 NETR 后存放从远程站点读取的数据区；对于 NETW 指令，此数据区是执行 NETW 前发送给远程站点的数据存储区。

表中字节的意义：

D——操作是否完成。0=未完成，1=完成。

A——是否激活(操作是否已排队)。0=未激活，1=激活。

E——是否发生错误。0=无错误，1=有错误。

4 位错误代码说明：

0——无错误。

1——超时错误。远程站点无响应。

2——接收错误。有奇偶错误等。

3——离线错误。重复的站地址或无效的硬件引起冲突。

4——排队溢出错误。多于 8 条 NETR/NETW 指令被激活。

5——违反通信协议。没有在 SMB30 中允许 PPI，就试图使用 NETR/NETW 指令。

6——非法参数。

7——没有资源。远程站点忙(正在进行上载或下载)。

8——第七层错误。违反应用协议。

9——信息错误。错误的数据地址或错误的数据长度。

任务 1   在两台 S7-200 间实现 PPI 通信

一、任务目的

在两台 S7-200PLC 间通过 PORT0 口互相进行 PPI 通信。通过此实例，了解 PPI 通信的应用。

二、任务分析

如图 6.2 所示，系统将实现用甲机的 I0.0～I0.7 控制乙机的 Q0.0～Q0.7，用乙机的 I0.0～I0.7 控制甲机的 Q0.0～Q0.7。甲机为主站，站地址为 2；乙机为从站，站地址为 3，编程用的计算机站地址为 0。

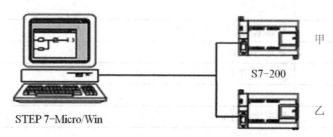

图 6.2   S7-200CPU 之间的 PPI 通信网络

要注意以下几点：

① 在 STEP 7-Micro/Win 软件里设置的波特率和 PPI 电缆设置要一致。可选择默认的 9.6kbps。

② 配置 STEP7-Micro/Win 使用 PPI 协议时，将 PPI 电缆设置为多主站电缆模式，这样可以方便 PC 机对主站进行操作。否则会报错，给操作带来很多麻烦。

③ 要分别用 PC/PPI 电缆连接各个 PLC 进行端口设置，并将设置好的系统块下载到 CPU 中。

④ SMB30 是 S7-200 PLC PORT0 通讯口的控制字，务必搞清楚控制字各位的含义。

三、知识链接

网络读写程序一般有如下几部分组成：

① 规划本地和远程通信站的数据缓冲区。

② 写控制字 SMB30（或 SMB130），将通信口设置为 PPI 主站。

③ 装入远程站（通信对象）地址。

④ 装入远程站相应的数据缓冲区（无论是要读入的或者是写出的）地址。

⑤ 装入数据字节数。

⑥ 执行网络读写（NETR/NETW）指令。

各 CPU 的通信口地址在各自项目的 System Block（系统块）中设置，下载之后起作用。

四、任务实施

在计算机上启动 STEP7 V4.0(SP5) 编程软件，选中"系统块"，再选中"通讯端口"，如图 6.3 所示。

设置端口 0 站号为 3，选择 9.6kbps，如图 6.4 所示，单击"确认"按钮。

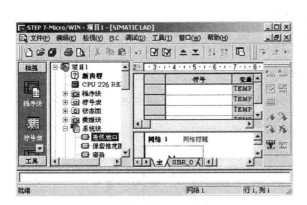

图 6.3　选择通讯端口

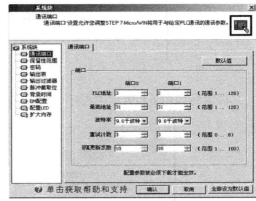

图 6.4　设置通讯端口参数

下载到 CPU 中，如图 6.5 所示。同样的方法设置另一个 CPU。

利用网络连接器和网络线连接甲机和乙机的端口 0，在编程软件中选择通信，搜索后如图 6.6 所示。

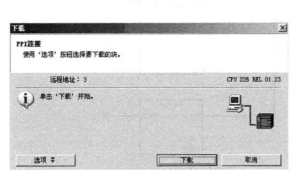

图 6.5　参数下载界面

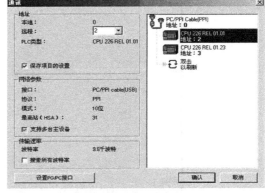

图 6.6　通讯连接界面

编写如图 6.7 所示的程序。

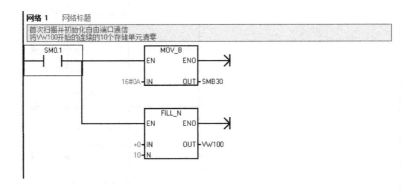

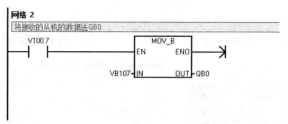

图 6.7　梯形图程序 1

再编写如图 6.8 所示的程序,对站 3 进行写操作,把主站 IB0 发送到对方(站 3)的 QB0。

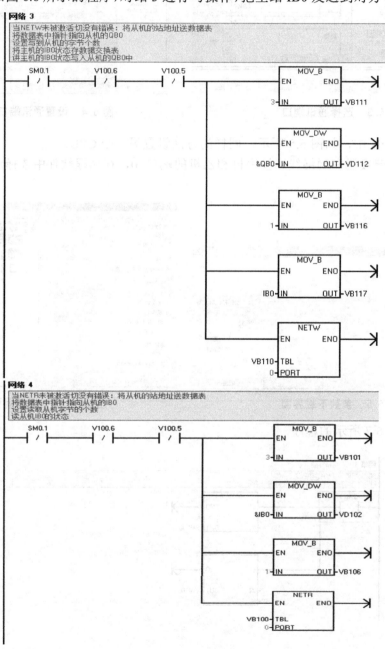

图 6.8　梯形图程序 2

任务 2　实现 5 台工作站 PLC 间的 PPI 通信

一、任务目的

实现 5 台工作站 PLC 间的 PPI 通信。

二、任务实施

下面介绍程序的编写并给出说明。

1. 设置网络上每一台 PLC 系统块中的通信端口参数，对用作 PPI 通信的端口（PORT0
或 PORT1）指定其地址（站号）和波特率。设置后把系统块下载到该 PLC。具体操作如下：

打开计算机上的 STEP7 V4.0（SP5）编程软件，选择系统块的通信端口，如图 6.9 所示。

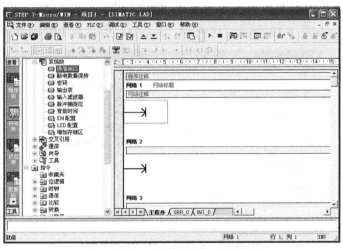

图 6.9　选择通讯端口的界面

利用 PPI/RS485 编程电缆单独在输送单元 CPU 系统块里设置端口 0 为 1 号站，波特率
为 187.5 千波特，如图 6.10 所示。用同样的方法把其他单元 CPU 端口 0 设置为 2 号站、3
号站、4 号站、5 号站，波特率均为 187.5 千波特。分别把系统块下载到相应的 CPU 中。
详细操作过程参见任务 1 中的叙述。

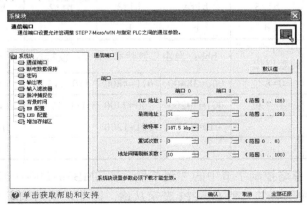

图 6.10　设置通讯端口参数的界面

2. 利用网络接头和网络线连接各台 PLC 中用作 PPI 通信的端口 0，在所使用的网络接头中，2#～5#站使用标准网络连接器，如图 6.11 所示。1#站使用带编程接口的网络连接器，如图 6.12 所示。该编程口通过 RS-232/PPI 多主站电缆或 USB/PPI 多主站电缆与计算机连接。

图 6.11 标准网络连接器

图 6.12 带编程接口的标准网络连接器

通过 STEP7 V4.0 编程软件和 PPI/RS485 编程电缆，在编程软件中选择通信，搜索出 PPI 网络的 5 个站，如图 6.13 所示。这表明，5 个站已经完成 PPI 网络连接。

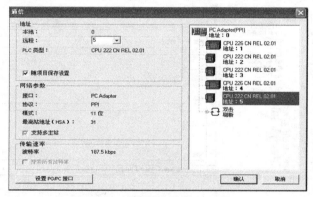

图 6.13 5 站网络连接显示界面

3. 在 PPI 网络的主站 PLC 程序中，必须在上电第 1 个扫描周期，用特殊存储器 SMB30 指定其主站属性，从而使其充任主站。SMB30 是 S7-200 PLC PORT0 自由通信口的控制字节，各位表达的含义如表 6.2 所示。

表 6.2 SMB30 各位含义

bit7	bit6	bit5	bit4	bit3	bit2	bit1	bit0
p	p	d	b	b	b	m	m
pp: 校验选择		d: 每个字符的数据位	bbb: 自由口波特率（单位：波特）			mm: 协议选择	
00=不校验		0=8 位	000=38400	011=4800	110=115.2k	00=PPI/从站模式	
01=偶校验		1=7 位	001=19200	100=2400	111=57.6k	01=自由口模式	
10=不校验			010=9600	101=1200		10=PPI/主站模式	
11=奇校验						11=保留（未用）	

在 PPI 模式下，忽略控制字节中的 2 到 7 位。即 SMB30=0000 0010，定义 PPI 主站。在 SMB30 协议中选择缺省值 00=PPI 表示从站，因此，从站侧不需要初始化。

4. 在 PPI 网络中，只有主站程序中使用网络读写指令来读写从站信息。而从站程序没有必要使用网络读写指令。

在编写主站的网络读写程序前，应预先规划好下面数据：

① 主站向各从站发送数据的长度(字节数)。

② 发送的数据位于主站何处。

③ 数据发送到从站的何处。

④ 主站从各从站接收数据的长度(字节数)。

⑤ 主站从从站的何处读取数据。

⑥ 接收到的数据放在主站何处。

以上数据，应根据系统工作要求、信息交换量等统一进行筹划。各工作站 PLC 所需交换的信息量不大，主站向各从站发送的数据只是主令信号，从从站读取的也只是各从站的状态信息，因此发送和接收的数据均为 1 个字(2 个字节)就足够了。

网络读写指令可以向远程站发送或接收 16 个字节的信息，同一时间在 CPU 内最多可以有 8 条指令被激活。本任务中有 4 个从站，因此考虑同时激活 4 条网络读指令和 4 条网络写指令。

根据上述数据，即可编制主站的网络读写程序。但更简便的方法是使用网络读写向导程序，使用向导程序可以快速简单地配置复杂的网络读写指令操作，为所需的功能提供一系列选项。向导程序将为所选配置生成程序代码。并初始化指定的 PLC 为 PPI 主站模式，同时使网络能完成读写操作。

5. 下面介绍怎样用向导程序完成 NET_EXE 子程序。

在 STEP7 V4.0 编程软件中执行"工具"→"指令向导"菜单命令，即可启动网络读写向导程序，在指令向导窗口中选择 NETR/NETW(网络读写)，单击"下一步"后，就会出现 NETR/NETW 指令向导界面，如图 6.14 所示。

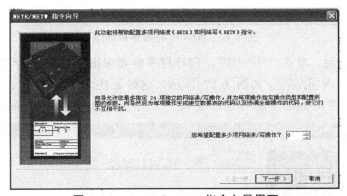

图 6.14　NETR/NETW 指令向导界面

图 6.14 和紧接着的图 6.15 所示的界面，将要求用户提供希望配置的网络读写操作总数，指定进行读写操作的通信端口，指定配置完成后生成的子程序名称，完成这些设置后，将进入对具体每一网络读或写指令的参数进行配置的界面。

图 6.14 中所示的 8 项网络读写操作如下安排：第 1~4 项为网络读操作，主站读取各从站数据；第 5~8 项为网络写操作，主站向各从站发送数据。

图 6.15 所示为第 1 项操作配置界面，选择 NETR 操作，按 2#从站规划的地址填写数据。单击"下一步"，填写对 2#从站读操作的参数，如此类推，直到第 4 项操作，完成对

4#从站读操作的参数填写。

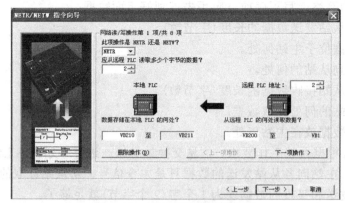

图6.15　NETR界面参数选择

单击"下一步"，进入第 5 项配置，如图 6.16 所示。第 5~8 项是设置网络写操作，按各站规划逐项填写数据，直至完成第 8 项操作配置。

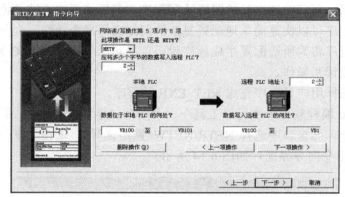

图6.16　NETW界面参数选择

完成 8 项配置后，单击"下一步"，向导程序将要求指定一个 V 存储区的起始地址，以便将此配置放入 V 存储区，如图 6.17 所示。这时若在选择框中填入一个 VB 值（例如VB1000），单击"建议地址"，程序自动建议一个大小合适且未使用的 V 存储区地址范围。

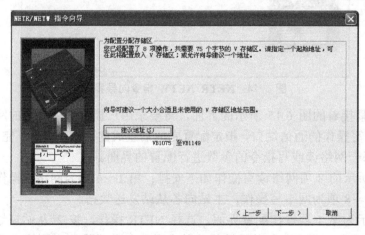

图6.17　选择 V 存储区的起始地址

单击"下一步"，完成全部配置，向导将为所选的配置生成项目组件。如图 6.18 所示。修改或确认图中各栏后，单击"完成"，借助网络读写向导程序配置网络读写操作的工作就结束了。这时，指令向导界面将消失，程序编辑器窗口将增加 NET_EXE 子程序标记。

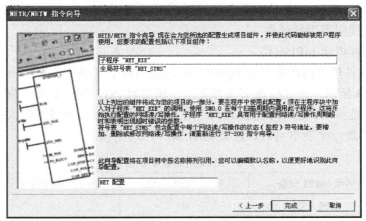

图 6.18 NETR/NETW 配置完成的界面

要在程序中使用上面完成的配置，需要在主程序块中加入对子程序"NET_EXE"的调用，让 SM0.0 在每个扫描周期内调用此子程序，将开始执行所配置的网络读/写操作。梯形图如图 6.19 所示。

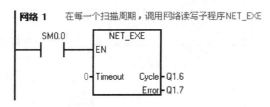

图 6.19 梯形图程序

由图 6.19 可知，NET_EXE 包含 Timeout、Cycle、Error 等几个参数，它们的含义如下：

Timeout——设定的通信超时时限：1～32 767 秒，若为 0，则不计时。

Cycle——输出的开关量，所有网络读/写操作每完成一次切换状态时发生。

Error——发生错误时的报警输出。

本例中 Timeout 设定为 0，Cycle 输出到 Q1.6，故网络通信时，Q1.6 所连接的指示灯将闪烁。Error 输出到 Q1.7，当发生错误时，所连接的指示灯将亮。

项目 2 MPI 通信及应用设计

一、项目目的

通过 MPI 通信的应用设计，掌握怎样在两个相互通信的设备之间建立逻辑连接。

二、知识链接

MPI 协议总是在两个相互通信的设备之间建立逻辑连接。MPI 协议允许主/主和主/从

两种通信方式。选择何种方式依赖于设备类型。如果是 S7-300CPU，由于所有的 S7-300CPU 都必须是网络主站，所以进行主/主通信。如果设备是 S7-200CPU，就进行主/从通信，因为 S7-200CPU 是从站。S7-200 可以通过内置接口，连接到 MPI 网络上，波特率为 19.2k/187.5kbit/s。它可与 S7-300 或者 S7-400CPU 进行通讯。S7-200CPU 在 MPI 网络中作为从站，它们彼此间不进行通信。

下面说明怎样组建 MPI 网络。

用 STEP 7 软件包中的配置（Configuration）功能为每个网络节点分配一个 MPI 地址和最高地址，如表 6.3 所示，最好标在节点外壳上；然后对 PG、OP、CPU、PC、FM 等包括的所有节点进行地址排序，连接时需在 MPI 网的第一个及最后一个节点接入通信终端匹配电阻。往 MPI 网添加一个新节点时，应该切断 MPI 网的电源。

表 6.3　MPI 网络设备缺省地址

节点（MPI 设备）	默认 MPI 地址	最高 MPI 地址
PG/PC	0	15
OP/TP	1	15
CPU	2	15

MPI 组建网络示意图如图 6.20 所示。

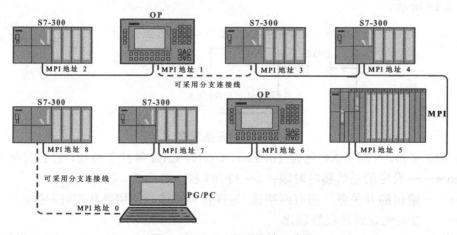

图 6.20　MPI 网络连接示意图

为了保证网络通信质量，总线连接器或中继器上都设计了终端匹配电阻，MPI 总线连接器如图 6.21 所示。组建通信网络时，在网络拓扑分支的末端节点需要接入浪涌匹配电阻。

图 6.21　MPI 总线连接器

可以采用中继器延长网络连接距离，如图 6.22 所示。

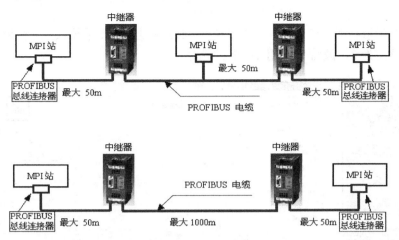

图 6.22 带中继器的网络连接示意图

全局数据（GD）通信方式以 MPI 分支网为基础设计。在 S7 中，利用全局数据可以建立分布式 PLC 间的通讯联系，不需要在用户程序中编写任何语句。S7 程序中的 FB、FC、OB 都能用绝对地址或符号地址访问全局数据。在一个项目中最多可以在 15 个 CPU 之间建立全局数据通讯。

MPI 通信包括 MPI 全局通讯，单边通讯和双边通讯，最多可包含 15 个 CPU。

任务 1　在 S7-200 与 S7-300 之间实现 MPI 单边通讯

一、任务目的

在 S7-200 与 S7-300 之间采用 MPI 通讯，实现单边通讯，S7-300 为主站，S7-200 为从站。

二、知识链接

在 S7-200 与 S7-300 之间采用 MPI 通讯方式时，S7-300 为主站，S7-200 为从站。在 S7-200 PLC 中不需要编写任何与通讯有关的程序，只需将要交换的数据整理到一个连续的 V 存储区当中即可，而 S7-300 PLC 中需要在 OB1（或在定时中断组织块 OB35）当中调用系统功能 X_GET（SFC67）和 X_PUT（SFC68），以实现 S7-200 PLC 与 S7-300 PLC 之间的通讯，调用 SFC67 和 SFC68 时 VAR_ADDR 参数填写 S7-200 的数据地址区，由于 S7-200 的数据区为 V 区，这里需填写 P#DB1.××.× BYTE n，它对应的就是 S7-200 V 存储区当中 VB×× 到 VB（××＋n-1）的数据区。例如交换的数据存在 S7-200 中 VB50 到 VB59 这 10 个字节当中，VAR_ADDR 参数应为 P#DB1.DBX50.0 BYTE 10。

三、任务实施

首先根据 S7-300 的硬件配置，在 STEP7 当中组态 S7-300 站并且下载，注意 S7-200 和 S7-300 出厂默认的 MPI 地址都是 2，所以必须先修改其中一个 PLC 的站地址，本任务程序中将 S7-300 MPI 地址设定为 2，S7-200 地址设定 3，另外要将 S7-300 和 S7-200 的通

讯速率设置得一致,可设为 9.6k、19.2k、187.5k 三种波特率之一,本任务程序中选用了 19.2K 的速率。

在图 6.23 所示界面中修改 S7-200 PLC 中 MPI 地址。选择系统块,进行通信端口设置。S7-200 地址设定为 3,波特率选用 19.2k 的速率。

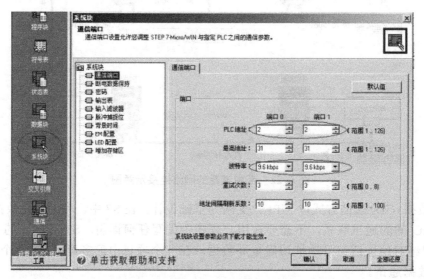

图 6.23　设置 S7-200 通信端口

可以参考图 6.24 修改 S7-300 PLC 中 MPI 地址。S7-300 地址设定 2,波特率选用 19.2k 的速率。

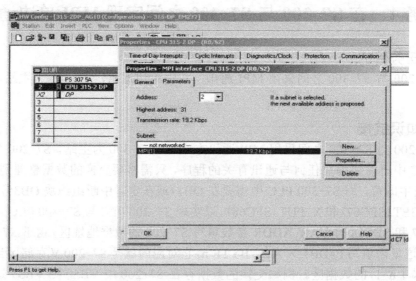

图 6.24　设置 S7-300 MPI 地址

S7-200 和 S7-300 间的单边通讯方式需要使用 SFC67 和 SFC68 接收和发送数据,在 S7-300 编程中将使用 SFC67 和 SFC68 功能块,如图 6.25 所示。

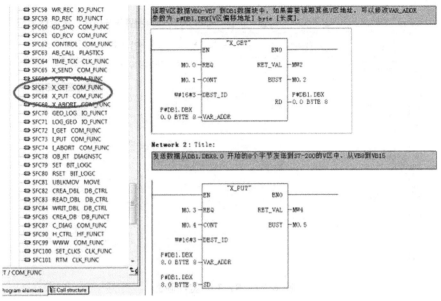

图 6.25　S7-300 SFC67 和 SFC68 功能块编程

在图 6.25 中，当 M0.0 为 1 且 M0.1 为 1 时，读取 S7-200 PLC 里 VB0 到 VB7 的数据传到 DB1 的数据块中，如果需要读取其他数据，可以修改 VAR_ADOR 参数为 P#DB1.DBX(V 区偏移地址) BYTE(长度)。

当 M0.3 为 1 且 M0.4 为 1 时，把 S7-300 PLC 中以 DB1.DBX8.0 开始的 8 个字节发送到 S7-200 PLC 的 V 区中，从 VB8 到 VB15。

分别在 STEP7 MicroWin32 和 STEP7 当中监视 S7-200 和 S7-300 PLC 当中的数据，S7-200 的监视结果如图 6.26 所示，S7-300 的监视结果如图 6.27 所示。

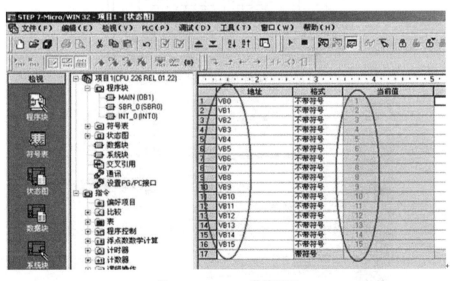

图 6.26　S7-200 监控画面

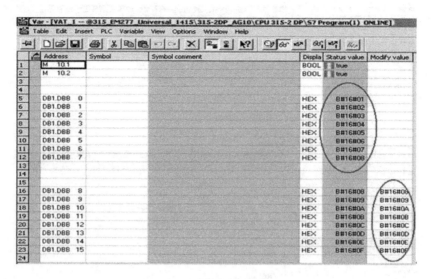

图 6.27　S7-300 监控画面

通过 CP5611、STEP7 MicroWin32、Set PG/PC Interface 可以读取 S7-200 和 S7-300 的站地址，诊断结果如图 6.28 和图 6.29 所示。图 6.28 中站地址 0 为进行编程的计算机。

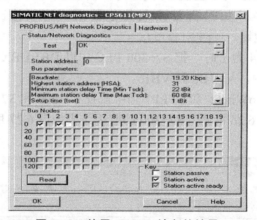

图 6.28　使用 CP5611 诊断的结果

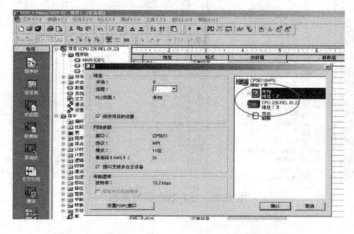

图 6-29　使用 STEP7 MicroWin32 诊断的结果

任务2 在 S7-300 与 S7-300 之间实现 MPI 单边通讯

一、任务目的

在 S7-300 与 S7-300 之间采用 MPI 通讯，实现单边通讯。

二、任务分析

S7-300 与 S7-300 之间采用 MPI 通讯方式时，对其中的一台 S7-300 PLC 不需要编写任何与通讯有关的程序，只需将要交换的数据整理到一个连续的 DB 存储区中即可，而另一台 S7-300 中需要在 OB1（或定时中断组织块 OB35）当中调用系统功能 X_GET(SFC67) 和 X_PUT(SFC68)，实现两台 S7-300 之间的通讯。调用 SFC67 和 SFC68 时，VAR_ADDR 参数填写 S7-300 的数据地址区，这里需填写 P#DB1.×××BYTE n，对应的就是对方 S7-300 的 DB 存储区中的数据区。

三、任务实施

首先根据 S7315-2DP 的硬件配置，在 STEP 7 当中组态 S7-300 站并且下载，要注意，S7-300 出厂默认的 MPI 地址都是 2，所以必须先修改其中一个 PLC 的站地址，本任务程序中将 S7315-2DP MPI 地址设定为 2，S7314C 地址设定为 3，另外把 S7-300 的通讯速率设定得一致，可设为 9.6k、19.2k、187.5k 三种波特率之一，本任务程序中选用了 187.5k 的速率。如果 CP5611 的速率属性设定得不对，在 Set PG/PC Interface 和 STEP 7 上会出现如图 6.30 和 6.31 所示的报错信息。

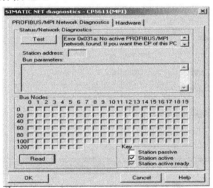

图 6.30 网络诊断报错界面

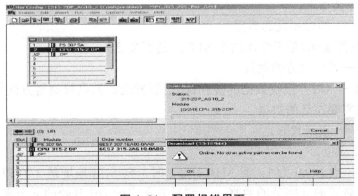

图 6.31 配置报错界面

如果通讯方式和速率都正确设定了，SET PG/PC Interface 窗口中的界面如图 6.32 所示。站地址 0 代表进行编程的 PC，即当前连接 PLC 的 PC。

编写程序的方法如下：

在编程环境中，选择"库"→"Standard Library（标准库）"→"System Function Blocks（系统功能块）"，如图 6.33 所示，在其中选择 SFC68 和 SFC67 进行编程。

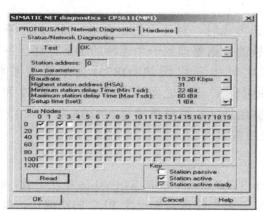

图 6.32　配置成功界面

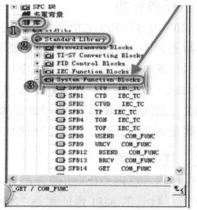

图 6.33　系统功能块选择

用 SFC68 功能块发送数据，程序如图 6.34 所示。

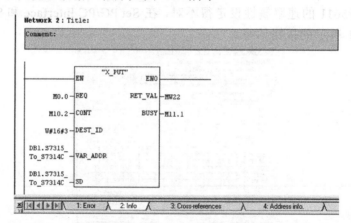

图 6.34　SFC68X_PUT 指令

其中各参数含义如下：

REQ——等于 1 的时候发送数据。

CONT——保持通讯（是否使用这个 SFC68 进行发送），常为 1。

DEST_TD——通讯对方的地址。

VAR_ADDR——对方接收数据的缓存区（把要发送的数据放到对方的什么地方）。

SD——本地需要发送的数据。

REST_VAL——错误代码。

BUSY——完成位。

在图 6.34 中，当 M0.0 为 1，且 M10.2 为 1 时，向 MPI 地址是 3 的 PLC 发送 P#DB1.
×××　BYTE n 对应的 n 字节的数据，存到对方指定的 DB 开始的 n 个字节中去。

用 SFC67 功能模块接收数据，程序如图 6.35 所示。

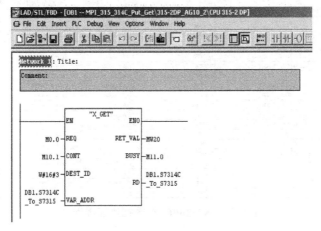

图 6.35　SFC67X_GET 指令

其中各参数含义如下：

REQ——等于 1 时接收数据。

CONT——保持通讯(是否使用这个 SFC67 进行接收)，常为 1。

DEST_TD——通讯对方的地址。

VAR_ADDR——对方存储数据的缓存区(从对方的什么地方取数据)。

REST_VAL——错误代码。

BUSY——完成位。

RD——本地存储信息的地址。

在图 6.35 中，当 M0.0 为 1，且 M10.1 为 1 时，把 MPI 地址是 3 的 PLC 中 P#DB1.×
××BYTE n 对应的 n 字节的数据，读到指定的 DB 开始的 n 个字节中去。

分别把 PLC 的程序下载到相应的 CPU 内，连接 MPI 通讯电缆测试。

可以用 STEP 7 监视两台 S7-300 PLC 当中的数据，数据监视界面如图 6.36 和图 6.37
所示。

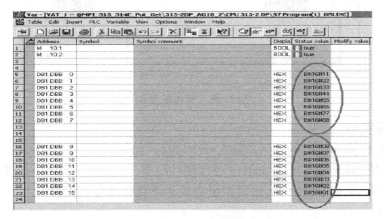

图 6.36　S7-300PLC 数据监控界面 1

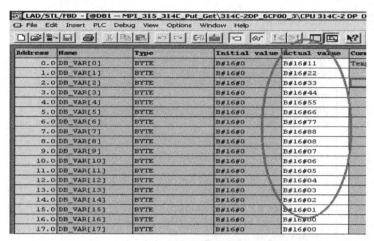

图 6.37　S7-300PLC 数据监控界面 2

任务 3　在 S7-300 与 S7-300 之间实现 MPI 双边通讯

一、任务目的

在 S7-300 与 S7-300 之间采用 MPI 通讯，实现双边通讯。

二、任务分析

双边通讯中通讯双方都需要调用通讯块，一方调用发送块发送数据，另一方就要调用接收块接收数据。这种通讯方式适用 S7-300/400 之间的通讯，发送块是 SFC65，接收块是 SFC66。网络配置如图 6.38 所示。

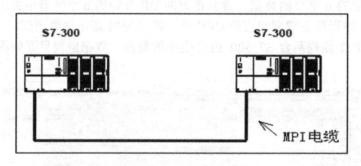

图 6.38　网络配置图

三、任务实施

在 SIMATIC Manager 界面下，建立一个项目，加入两个 300 的 station，然后在 HW CONFIG 中分别对这两个 300 的 station 进行硬件组态，设置 MPI 地址。这里把其中的一个地址设为 2，另一个地址设为 4。最后把组态信息下载到两台 PLC 中。

编程如下：

首先在 SIMATIC 300 的第一个站的 CPU 下插入 OB35，把发送方的程序写入 OB35 中，如图 6.39 所示。

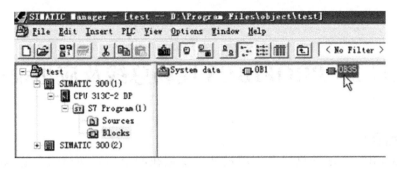

图 6.39　插入 OB35 对话框

双击"OB35",进入程序编辑界面,单击"库"→"Standard Library(标准库)"→"System Function Blocks(功能块)",选择 SFC65"X_SEND",编写图 6.40 所示的程序。

用 SFC65 功能块发送数据,各参数含义如下:

REQ——等于 1 时发送数据。

CONT——保持通讯(是否使用这个 SFC65 进行发送),常为 1。

DEST_TD——通讯对方的地址。

REQ_ID——数据编号(常填写本地 MPI 地址)。

SD——要发送的数据块。

REST_VAL——错误代码。

BUSY——完成位。

在图 6.40 所示的发送数据程序中,I0.0 为 1 时,把 M20.0 开始的 5 个字节发送出去。

编好发送站的程序后,接下来在 SIMATIC 300 第二个站的 CPU 的 OB1 里编写接收方程序。同样双击 OB1 进入程序编辑界面,单击"库"→"Standard Library(标准库)"→"System Function Blocks(功能块)",选择 SFC66 "X_RCV"。编写图 6.41 所示的程序。

用 SFC66 功能块接收数据,各参数含义如下:

EN_DT——等于 1 时接收数据。

RET_VAL——错误代码。

REQ_ID——接收数据编号。

NDA——检测数据。

RD——接收数据存放的地点。

在图 6.41 所示的程序中,当 I0.2 为 1 时,接收的数据放在 M50.0 开始的 5 个字节中。

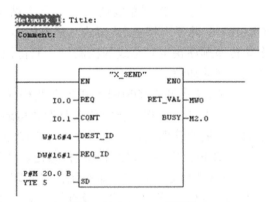

图 6.40　SFC65 发送块

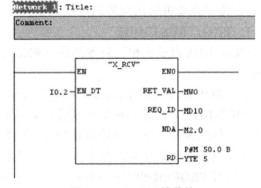

图 6.41　SFC66 接收块

项目 3　PROFIBUS 现场总线及应用设计

一、项目目的

通过 PROFIBUS 现场总线及应用设计，掌握在两个相互通信的设备(如 S7-300 和 S7-200)之间建立总线通讯连接。

二、知识链接

PROFIBUS 是世界上第一个开放式现场总线标准，目前技术已成熟，其应用领域覆盖从机械加工、过程控制、电力、交通到楼宇自动化的各个领域。PROFIBUS 于 1995 年成为欧洲工业标准(EN50170)，1999 年成为国际标准(1EC61158-3)。

在 S7-200 系列 PLC 的 CPU 中，CPU22X 可以通过增加 EM277 PROFIBUS-DP 扩展模块的方法支持 PROFIBUS-DP 网络协议。最高传输速率可达 12Mbit/s。采用 PROFIBUS 的系统，对于不同厂家所生产的设备不需要对接口进行特别处理和转换就可以通信。PROFIBUS 连接的系统由主站和从站组成，主站能够控制总线，当主站获得总线控制权后，可以主动发送信息。从站通常为传感器、执行器、驱动器和变送器。它们可以接收信号并给出响应，但没有控制总线的权力。当主站发出请求时，从站给主站回送相应的信息。PRORFIBUS 除了支持主/从模式，还支持多主/多从模式。对于多主站模式，在主站之间按令牌传递顺序决定对总线的控制权。取得控制权的主站，可以向从站发送、获取信息，实现点对点的通信。

西门子 S7 通过 PROFIBUS 现场总线构成的系统的基本特点如下：

① PLC、I/O 模板、智能仪表及设备可通过现场总线连接，特别是同厂家的产品提供通用的功能模块管理规范，通用性强，控制效果好。

② I/O 模板安装在现场设备(传感器、执行器等)附近，结构合理。

③ 信号就地处理，在一定范围内可实现交互操作。

④ 编程仍采用组态方式，设有统一的设备描述语言。

⑤ 传输速率可在 9.6kb/s～12Mb/s 间选择。

⑥ 传输介质可以用金属双绞线或光纤。

1. PROFIBUS 的组成

PROFIBUS 由三个相互兼容的部分 PROFIBUS-DP、PROFIBUS-PA 及 PROFIBUS-FMS 组成。

① PROFIBUS-DP(Distributed Periphery，分布 I/O 系统)：

PROFIBUS-DP 是一种优化模板，它是制造业自动化主要应用的协议内容，是满足用户快速通信的最佳方案，每秒可传输 12 兆位。扫描 1000 个 I/O 点的时间少于 1ms。它可用于设备级高速数据传输，对远程 I/O 系统尤为适用。位于这一级的 PLC 或工业控制计算机可以通过 PROFIBUSEDP 同分散的现场设备进行通信。

② PROFIBUS-PA(Process Automation，过程自动化)：

PROFIBUS-PA 主要用于过程自动化中信号采集及控制，它是专为过程自动化所设计的协议，可用于安全性要求较高的场合及总线集中供电的站点。

③ PROFIBUS-FMS(Fieldbus Message Specification，现场总线信息规范)：

PROFIBUS-FMS 为现场的通用通信功能所设计，主要用于非控制信息的传输，传输速度中等，可以用于车间级监控网络。FMS 可以完成中等级传输速度的循环和非循环通信服务。FMS 考虑的主要是系统功能而不是系统响应时间，实际应用过程中通常要求进行随机信息交换，如改变设定参数。FMS 服务向用户提供了广泛的应用范围和更大的灵活性，通常用于大范围、复杂的通信系统。

2. PROFIBUS 协议结构

PROFIBUS 协议以 ISO/OSI 参考模型为基础。第一层为物理层，定义了物理的传输特性；第二层为数据链路层；第三层至第六层 PROFIBUS 未使用；第七层为应用层，定义了应用的功能。PROFIBUS-DP 是高效、快速的通信协议，它使用了第一层、第二层及用户接口，第三～七层未使用。这样简化的结构可以确保 DP 实现高速数据传输。

3. 传输技术

PROFIBUS 对于不同的传输技术定义了唯一的介质存取协议。此协议由 OSI 参考模型的第二层来实现。在设计 PROFIBUS 协议时充分考虑了满足介质存取控制的两个要求，即：在主站间通信时，必须保证在分配的时间间隔内，每个主站都有足够的时间完成它的通信任务；在 PLC 与从站(PLC 或其他设备)间通信时，必须快速、简捷地完成循环，进行实时数据传输。为此，PROFIBUS 提供了两种基本的介质存取控制：令牌传递方式和主/从方式。

令牌传递方式可以保证每个主站在事先规定的时间间隔内都能获得总线的控制权。令牌是一种特殊的报文，它在主站之间传递总线控制权，每个主站均能按次序获得一次令牌，传递的次序按地址升序进行。

主/从方式允许主站在获得总线控制权时，可以与从站通信，发送或获取信息。主站要发出信息，必须持有令牌。假设有一个用 3 个主站和 7 个从站构成的 PROFIBUS 系统。3 个主站构成了一个令牌传递的逻辑环，在这个环中，令牌按系统预先确定的地址升序从一个主站传递给下一个主站。当一个主站得到令牌后，它就能在一定的时间间隔内执行该主站的任务，可以按照主/从关系与所有从站通信，也可以按照主/主关系与所有主站通信。在总线系统建立的初期阶段，主站的介质存取控制(MAC)的任务是决定总线上的站点分配并建立令牌逻辑环。在总线的运行期间，损坏的或断开的主站必须从环中撤除，新接入的主站必须加入逻辑环。MAC 的其他任务是检测传输介质和收发器是否损坏，检查站点地址是否出错，以及令牌是否丢失或有多个令牌。

PROFIBUS 的第二层按照国际标准 IEC870-5-1 的规定，通过使用特殊的起始位和结束位、无间距字节异步传输及奇偶校验来保证传输数据的安全。PROFIBUS 第二层按照非连接的模式操作，除了提供点对点通信功能外，还提供多点通信的功能，即广播通信和有选择的广播、组播。所谓广播通信，即主站向所有站点(主站和从站)发送信息，不要求回答。所谓有选择的广播、组播是指主站向一组站点(从站)发送信息。

4. S7-200CPU 接入 PROFIBUS 网络

S7-200CPU 必须通过 PROFIBUS-DP 模块 EM277 连接到网络，不能直接接入 PROFIBUS 网络进行通信。EM277 经过串行 I/O 总线连接 S7-200CPU。PROFIBUS 网络经

过其 DP 通信端口，连接 EM277 模块。这个端口支持 9600b/s～12Mb/s 之间的任何传输速率。EM277 模块在 PROFIBUS 网络中只能作为 PROFIBUS 从站出现。作为 DP 从站，EM277 模块接受从主站来的多种不同的 I/O 配置，向主站发送和接收不同数量的数据。这种特性使用户能修改所传输的数据量，以满足实际应用的需要。与许多 DP 站不同的是，EM277 模块不仅仅传输 FO 数据。EM277 能读写 S7-200CPU 中定义的变量数据块。这样，使用户能与主站交换任何类型的数据。通信时，首先将数据移到 S7-200CPU 中的变量存储区，就可将输入、计数值、定时器值或其他计算值传输到主站。类似的，从主站来的数据存储在 S7-200CPU 中的变量存储区内，进而可移到其他数据区。

EM277 模块的 DP 端口可连接到网络上的一个 DP 主站上，仍能作为一个 MPI 从站与同一网络上如 SIMATIC 编程器或 S7-300/S7-400CPU 等其他主站进行通信。为了将 EM277 作为一个 DP 从站使用，用户必须设定与主站组态中的地址相匹配的 DP 端口地址。从站地址使用 EM277 模块上的旋转开关设定。在变动旋转开关之后，用户必须重新启动 CPU 电源，以便使新的从站地址起作用。主站通过将其输出区的信息发送给从站的输出缓冲区（称为"接收信箱"），与每个从站交换数据。从站将其输入缓冲区（称为发送信箱）的数据返回给主站的输入区，以响应从主站来的信息。

EM277 可用 DP 主站组态，以接收从主站来的输出数据，并将输入数据返回给主站。输出和输入数据缓冲区驻留在 S7-200CPU 的变量存储区（V 存储区）内。当用户组态 DP 主站时，应定义 V 存储区内的字节位置。从这个位置开始为输出数据缓冲区，它应作为 EM277 的参数赋值信息的一个部分。用户也要定义 FO 配置，它是写入到 S7-200CPU 的输出数据总量和从 S7-200CPU 返回的输入数据总量。EM277 从 FO 配置确定输入和输入缓冲区的大小。DP 主站将参数赋值和 I/O 配置信息写入 EM277 模块 V 存储器地址和输入及输出数据长度传输给 S7-200CPU。

输入和输出缓冲区的地址可配置在 S7-200CPU 中 V 存储区的任何位置。输入和输出缓冲区器的默认地址为 VB0。输入和输出缓冲地址是主站写入 S7-200CPU 赋值参数的一部分。用户必须组态主站以识别所有的从站及将需要的参数和 I/O 配置写入每一个从站。

一旦 EM277 模块已用一个 DP 主站成功地进行了组态，EM277 和 DP 主站就进入数据交换模式。在数据交换模式中，主站将输出数据写入到 EM277 模块，然后 EM277 模块响应最新的 S7-200CPU 输入数据。EM277 模块不断更新从 S7-200CPU 来的输入，以便向 DP 主站提供最新的输入数据。然后该模块将输出数据传输给 S7-200CPU。从主站来的输出数据放在 V 存储区中（输出缓冲区）由某地址开始的区域内，而该地址是在初始化期间由 DP 主站提供的。传输到主站的输入数据取自 V 存储区存储单元（输入缓冲区），其地址是紧随输出缓冲区的。

在建立 S7-200CPU 用户程序时，必须知道 V 存储区中数据缓冲区的开始地址和缓冲区大小。从主站来的输出数据必须通过 S7-200CPU 中的用户程序，从输出缓冲区转移到其他所用的数据区。类似的，传输到主站的输入数据也必须通过用户程序从各种数据区转移到输入缓冲区，进而发送到 DP 主站。

从 DP 主站来的输出数据，在执行程序扫描后立即放置在 V 存储区内。输入数据（传输到主站）从 V 存储区复制到 EM277 中，以便同时传输到主站。当主站提供新的数据时，则从主站来的输出数据才写入到 V 存储区内。在下次与主站交换数据时，将送到主站的输入数据发送到主站。

SMB200～SMB249 提供有关 EM277 从站模块的状态信息(如果它是 I/O 链中的第一个智能模块)。如果 EM277 是 I/O 链中的第二个智能模块,那么,EM277 的状态从 SMB250～SMB299 获得。如果 DP 尚未建立与主站的通信,那么,这些 SM 存储单元显示默认值。当主站将参数和 I/O 组态写入 EM277 模块后,这些 SM 存储单元显示 DP 主站的组态集。用户应检查 SMB224,并确保在使用 SMB225～SMB229 或 V 存储区中的信息之前,EM277 已处于与主站交换数据的工作模式。

任务　实现 S7-300 与 S7-200 的 PROFIBUS 通讯

一、任务目的
通过实现 S7-300 与 S7-200 的 EM277 之间的 PROFIBUS-DP 通讯,了解 PROFIBUS 通讯方法。

二、任务分析
S7-300 与 S7-200 通过 EM277 进行 PROFIBUS-DP 通讯,需要在 STEP7 中进行 S7-300 站组态,在 S7-200 系统中不需要对通讯进行组态和编程,只需将进行通讯的数据整理存放的 V 存储区与 S7-300 的组态 EM277 从站时的硬件 I/O 地址相对应就可以了。

三、任务实施
先进行 S7-300 组态,插入一个 S7-300 的站,如图 6.42 所示。

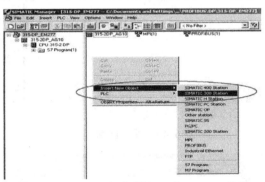

图 6.42　S7-300 组态插入一个 S7-300 的站

打开 STEP7 的硬件组态窗口中的 Option 菜单,单击 Install GSD File,如图 6.43 所示,导入 SIEM089D.GSD 文件,安装 EM277 从站配置文件。

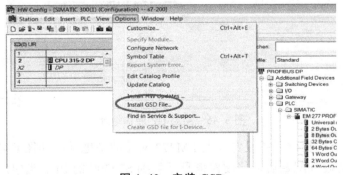

图 6.43　安装 GSD

在 SIMATIC 文件夹中有 EM277 的 GSD 文件, 如图 6.44 所示。

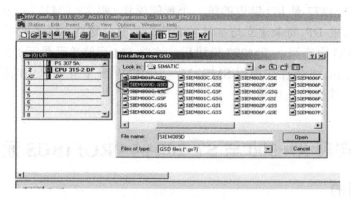

图 6.44 导入 SIEM089D.GSD, 安装 GSD

导入 GSD 文件后, 在右侧的设备列表中找到 EM277 从站, PROFIBUS-DP Additional Field Devices PLC SIMATIC EM277, 根据通讯字节数选择一种通讯方式, 本任务中选择了 8 字节入/8 字节出的方式, 如图 6.45 和图 6.46 所示。

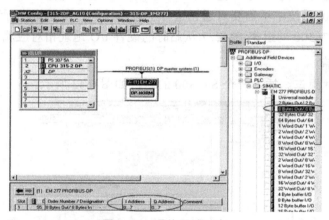

图 6.45 通信区域组态

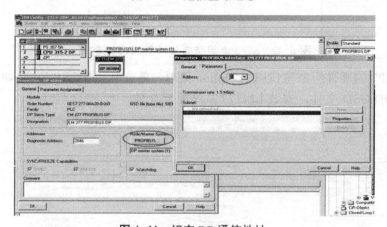

图 6.46 组态 DP 通信地址

根据 EM277 上的拨位开关设定以上 EM277 从站的站地址, 如图 6.47 所示。
组态完系统的硬件配置后, 将硬件信息下载到 S7-300 的 PLC 当中, 如图 6.48 所示。

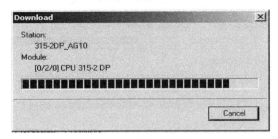

图 6.47 设定 EM277 上的拨位开关	图 6.48 下载硬件信息

下载完 S7-300 的硬件信息后，拨动 EM277 的拨位开关，与以上硬件组态的设定值一致，在 S7-200 中编写程序，将进行交换的数据存放在 VB0~VB15，对应 S7-300 的 PQB0~PQB7 和 PIB0~PIB7，打开 STEP7 中的变量表和 STEP7 MicroWin32 的状态表进行监控，它们的数据交换结果如图 6.49 和图 6.50 所示。

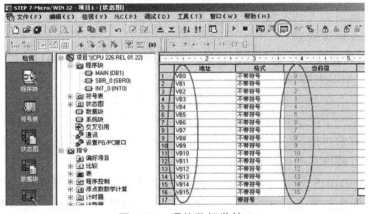

图 6.49 通信数据监控 1

图 6.50 通信数据监控 2

【注意】VB0~VB7 是 S7-300 写到 S7-200 的数据，VB8~VB15 是 S7-300 从 S7-200 读取的值。EM277 上拨位开关的位置一定要和 S7-300 中组态的地址值一致。如果使用的 S7-200 通信区域不是从 VB0 开始，则需要设置地址偏移，在 S7-300 硬件组态中双击 EM277，把数值 0 修改为实际使用的数值即可，如图 6.51 所示。

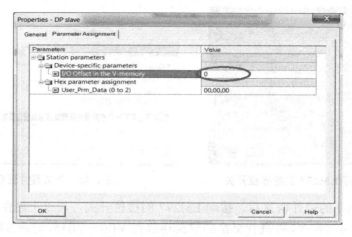

图 6.51　地址区域偏移设置

项目 4　MODBUS 通信及应用

一、项目目的

通过 MODBUS 的通信及应用设计，了解 MODBUS 的通信技术。

二、知识链接

STEP7 Micro/WIN 指令库中包含专门为 MODBUS 通信设计的预先定义的专门的子程序和中断服务程序，使用一个 MODBUS 从站指令可以将 S7-200 组态为一个 MODBUS 从站，与 MODBUS 主站通信。在用户编制的程序中加入 MODBUS 从站指令后，相关的子程序和中断程序会自动加入到所编写的项目中。

1. MODBUS 协议介绍

MODBUS 协议是应用于电子控制器的一种通用语言。通过此协议，控制器相互间、控制器经由网络(例如以太网)和其它设备间可以通信，它已经成为一通用的工业标准。有了它，不同厂商生产的控制设备可以连成工业网络，进行集中监控。

此协议定义了一个控制器能认识使用的消息结构,而不管它们经过何种网络进行通信。它描述了控制器请求访问其它设备的过程，回应来自其它设备的请求，以及侦测错误并记录。它制定了消息域格局和内容的公共格式。

当在一个 MODBUS 网络上通信时，此协议决定了每个控制器需要知道它们的设备地址，识别按地址发来的消息，决定要产生何种行动。如果需要回应，控制器将生成反馈信息并用 MODBUS 协议发出。在其它网络上，包含了 MODBUS 协议的消息转换为在此网络上使用的帧或包结构。示意图如图 6.52 所示。

图 6.52　主—从查询—回应示意图

2. 在 MODBUS 网络上转输

标准的 MODBUS 口使用 RS-232C 兼容串行接口，它定义了连接口的针脚、电缆、信号位、传输波特率、奇偶校验。控制器能直接或经由 Modem 组网。

控制器通信使用主—从技术，即只有一个设备(主设备)能初始化传输(查询)。其它设备(从设备)根据主设备查询提供的数据作出相应反应。典型的主设备是主机和可编程仪表；典型的从设备是可编程控制器。

主设备能单独和从设备通信，也能以广播方式和所有从设备通信。如果单独通信，从设备返回一消息作为回应；如果是以广播方式查询，则不作任何回应。MODBUS 协议建立了主设备查询的格式：设备(或广播)地址、功能代码、所有要发送的数据、错误检测域。

从设备回应消息也由 MODBUS 协议构成，包括确认要行动的域、任何要返回的数据、错误检测域。如果在消息接收过程中发生了错误，或从设备不能执行其命令，从设备将建立一个错误消息并把它作为回应发送出去。

3. 查询—回应周期

(1) 查询

查询消息中的功能代码通知被选中的从设备要执行的功能。数据段包含从设备要执行功能的所有附加信息。例如功能代码 03 要求从设备读保持寄存器并返回它们的内容。数据段必须包含通知从设备的信息：从什么寄存器开始读及要读的寄存器数量。错误检测域为从设备提供一种验证消息内容是否正确的方法。

(2) 回应

如果从设备产生正常的回应，则其回应消息中的功能代码是查询消息中的功能代码的回应。这时数据段包括从设备收集的数据：象寄存器值或状态。如果有错误发生，则功能代码将被修改以指出发生错误，同时数据段包含了描述此错误信息的代码。错误检测域允许主设备确认消息内容是否可用。

4. 两种传输方式

在标准的 MODBUS 网络通信中，控制器能设置为两种传输模式(ASCII 或 RTU)中的任何一种。用户选择想要的模式，包括串口通信参数(波特率、校验方式等)，在配置每个控制器的时候，同一个 MODBUS 网络上的所有设备都必须选择相同的传输模式和串口参数。

所选的 ASCII 或 RTU 方式仅适用于标准的 MODBUS 网络，它定义了在这些网络上连

续传输的消息段的每一位，以及决定怎样将信息打包成消息域和如何解码。

(1) **ASCII 模式**

如果控制器设为在 MODBUS 网络上以 ASCII (美国标准信息交换代码)模式通信，则消息中每个 8bit 字节都作为两个 ASCII 字符发送。这种方式的主要优点是字符发送的时间间隔可达到 1 秒而不产生错误。

代码系统：

① 十六进制 ASCII 字符 0，…，9，A，…，F。

② 消息中的每个 ASCII 字符都是一个十六进制字符。

每个字节的位：

① 1 个起始位。

② 7 个数据位，最小的有效位先发送。

③ 1 个奇偶校验位，无校验则无此位。

④ 1 个停止位(有校验时)或 2 个停止位(无校验时)。

错误检测域：

LRC (纵向冗长检测)。

(2) **RTU 模式**

如果控制器设为在 MODBUS 网络上以 RTU (远程终端单元)模式通信，则在消息中每个 8bit 字节包含两个 4bit 的十六进制字符。这种方式的主要优点是：在同样的波特率下，可比 ASCII 方式传送更多的数据。

代码系统：

① 8 位二进制，十六进制数 0，…，9，A，…，F。

② 消息中的每个 8 位域都由两个十六进制字符组成。

每个字节的位：

① 1 个起始位。

② 8 个数据位，最小的有效位先发送。

③ 1 个奇偶校验位，无校验则无此位。

④ 1 个停止位(有校验时)或 2 个 bit(无校验时)。

错误检测域：

CRC (循环冗长检测)。

5. MODBUS 消息帧

两种传输模式 (ASCII 或 RTU)中，传输设备将 MODBUS 消息转为有起点和终点的帧，这就允许接收设备在消息起始处开始工作，读地址分配信息，判断哪一个设备被选中(广播方式则传给所有设备)，判知何时信息已完成，还能侦测到部分的消息，出现错误时能设置相应的返回结果。由于 RTU 模式可以传输更多的信息，现在已被广泛应用，下面分析 RTU 传输模式。

(1) **RTU 帧**

使用 RTU 模式，发送消息至少要以 3.5 个字符时间的停顿间隔开始。在网络上很容易实现多样的字符时间。传输的第一个域是设备地址。可以使用的传输字符是十六进制数 0，…，9，A，…，F。网络设备不断侦测网络总线，包括停顿间隔时间在内。当接收到第一个域(地址域)后，每个设备都进行解码以判断该消息是否发给自己。在最后一个传输字符之后，用至少 3.5 个字符时间的停顿标定消息结束。一个新的消息可在此停顿后开始。

整个消息帧必须作为一个连续的流进行转输。如果在帧完成之前有超过 3.5 个字符时间的停顿时间，接收设备将刷新不完整的消息并假定下一字节是一个新消息的地址域。同样的，如果一个新消息在小于 3.5 个字符时间内接着前个消息开始，接收的设备将认为它是前一消息的延续。这将导致一个错误，因为在最后的 CRC 域的值不可能是正确的。

(2) 地址域

消息帧的地址域包含 8bit。可能的从设备地址是 0～247(十进制数)。单个设备的地址范围是 1～247。主设备通过把要联络的从设备的地址放入消息中的地址域来选通从设备。当从设备发送回应消息时，它把自己的地址放入回应的地址域中，以便主设备知道是哪一个设备作出回应。

地址 0 用作广播地址，以使所有的从设备都能认识。当 MODBUS 协议用于更高水准的网络时，广播可能不允许或以其它方式代替。

(3) 功能域

消息帧中的功能代码域包含 8bit。可能的代码范围是十进制的 1～255。有些代码适用于所有控制器，有些应用于某种控制器，还有些保留以备后用。

MODBUS 功能代码分类：公用功能码、用户自定义功能码、预留功能码。其中公用功能码经 MODBUS 组织团体验证，保证每一代码的唯一性，基本上可以满足大部分用户需要。公用功能码的主要代码定义见表 6.4。

表 6.4　公用功能码的主要代码定义

存取数量	功能代码	代码描述	存取数量	功能代码	代码描述
位存取	02	读离散输入点	16 位存取	04	读输入寄存器
	01	读多个线圈		03	读多个寄存器
	05	写单个线圈		06	写单个寄存器
	15	写多个线圈		16	写多个寄存器
文件记录存取	20	读文件记录		23	读/写多个寄存器
	21	写文件记录		22	改写寄存器

当主设备把消息发往从设备时，功能代码域将通知从设备要执行哪些行为。例如读取输入的开关状态，读一组寄存器的数据内容，读从设备的诊断状态，允许调入、记录、校验从设备中的程序等。

当从设备回应时，使用功能代码域来指示是正常回应(无误)还是有某种错误发生(称为异议回应)。对正常回应，从设备仅回应相应的功能代码。对异议回应，从设备返回一个等同于正常代码的代码，但最重要的位置为逻辑 1。

例如：一个主设备发往从设备的消息要求读一组保持寄存器，将产生如下功能代码：

0 0 0 0 0 0 1 1 (十六进制 03H)

对正常回应，从设备仅回应同样的功能代码。对异议回应，它返回：

1 0 0 0 0 0 1 1 (十六进制 83H)

除功能代码因异议错误进行了修改外，从设备将一独特的代码放到回应消息的数据域中，以便通知主设备发生了什么错误。

主设备应用程序得到异议回应后，典型的处理过程是重发消息或者诊断发给从设备的消息并报告给操作员。

(4) 数据域

数据域由两个十六进制数集合构成，范围是 00～FF。

从主设备发给从设备的消息的数据域包含附加的信息：从设备需执行的由功能代码所定义的所为，这包括不连续的寄存器地址、要处理项的数目、域中实际数据字节数。

例如，如果主设备读从设备一组保持寄存器(功能代码 03)，数据域指定起始寄存器以及要读的寄存器数量。如果主设备要写一组从设备的寄存器(功能代码为十六进制的 10)，数据域则指明要写的起始寄存器以及要写的寄存器数量、数据域的数据字节数、要写入寄存器的数据。

如果没有错误发生，从设备返回的数据域包含请求的数据。如果有错误发生，数据域包含一个异议代码，主设备应用程序可以用它来判断下一步应采取什么行动。

在某种消息中可以不存在数据域(0 长度)。例如，主设备要求从设备回应通信事件记录(功能代码为十六进制的 0B)，不需任何附加的信息。

(5) 错误检测域

当选用 RTU 模式作字符帧，错误检测域包含一个 16bits 的值。错误检测域的内容通过对消息内容进行循环冗长检测方法得出。CRC 域附加在消息的最后，添加时先是低字节然后是高字节。故 CRC 的高位字节是发送消息的最后一个字节。

(6) 字符的连续传输

在标准的 MODBUS 系列网络中传输消息时，每个字符或字节以如下方式发送(从左到右)：

最低有效位……最高有效位

使用 RTU 字符帧时，位的序列如表 6.5 所示。

表 6.5　RTU 字符帧位序列

带奇偶校验										
起始位	1	2	3	4	5	6	7	8	奇偶位	停止位
无奇偶校验										
起始位	1	2	3	4	5	6	7	8	停止位	停止位

(7) 错误检测方法

标准的 MODBUS 串行网络采用两种错误检测方法。奇偶校验对每个字符都可用，帧检测(LRC 或 CRC)应用于整个消息。它们都在消息发送前由主设备产生，从设备在接收过程中检测每个字符和整个消息帧。

用户要给主设备配置一预先定义的超时时间间隔，这个时间间隔要足够长，以使任何从设备都能作为正常反应。如果从设备测到一个传输错误，将不接收消息，也不向主设备作出回应。这样，超时事件将触发主设备处理错误。发往不存在的从设备的地址也会产生超时。

① 奇偶校验：

用户可以配置控制器进行奇校验、偶校验或无校验，这决定每个字符中的奇偶校验位如何设置。

如果指定了奇校验或偶校验，"1"的位数将算到每个字符的位数中（ASCII 模式 7 个数据位，RTU 模式 8 个数据位）。例如 RTU 字符帧中包含以下 8 个数据位：

1 1 0 0 0 1 0 1

"1"的数目是 4。如果使用偶校验，帧的奇偶校验位将是 0，得到"1"的个数仍是 4。如果使用奇校验，帧的奇偶校验位将是"1"，得到"1"的个数是 5。

如果没有指定奇偶校验位，传输时就没有校验位，也不进行校验检测。用一个附加的停止位填充至要传输的字符帧中代替。

② CRC 检测：

使用 RTU 模式，消息包括了一个基于 CRC 方法的错误检测域。CRC 域检测整个消息的内容。

CRC 域有两个字节，包含一个 16 位的二进制值。它由传输设备计算后加入到消息中。接收设备重新计算收到消息的 CRC，并与接收到的 CRC 域中的值比较，如果两值不同，则有误。

CRC 先调入一个值全是 1 的 16 位寄存器，然后调用一个过程，对消息中连续的 8 位字节各当前寄存器中的值进行处理。每个字符中仅 8bit 数据对 CRC 有效，起始位和停止位以及奇偶校验位均无效。

CRC 产生过程中，每个 8 位字符都单独和寄存器内容相或（OR），结果向最低有效位方向移动，最高有效位以 0 填充。提取出 LSB 进行检测，如果 LSB 为 1，寄存器单独和预置的值相或；如果 LSB 为 0，则不进行此项操作。整个过程要重复 8 次。在最后一位（第 8 位）完成后，下一个 8 位字节又单独和寄存器的当前值相或。最终寄存器中的值是消息中所有的字节都执行之后的 CRC 值。CRC 添加到消息中时，低字节先加入，然后是高字节。

任务 实现两台 S7-200 PLC 间的 MODBUS 通讯

一、任务目的

将一台 S7-200 CPU224XP 组态为 MODBUS 主站，当主站 I0.3 为 ON 时，读取另一台作为 MODBUS 从站的 S7-200 CPU224XP 的 I0.0～I0.7 的数值。

二、知识链接

MODBUS 地址通常是包含数据类型和偏移量的 5 个或 6 个字符值。第一个或前两个字符决定数据类型，最后四个字符是符合数据类型的一个适当的值。MODBUS 主设备指令能将地址映射至正确的功能，以便发送到从站。

MODBUS 主设备指令支持下列 MODBUS 地址：

① 00001 至 09999 是离散输出（线圈）。

② 10001 至 19999 是离散输入（触点）。

③ 30001 至 39999 是输入寄存器（通常是模拟量输入）。

④ 40001 至 49999 是保持寄存器。

所有 MODBUS 地址均以 1 为基位，表示第一个数据值从地址 1 开始。有效地址范围取决于从站。不同的从站支持不同的数据类型和地址范围。

MODBUS 从站指令支持以下地址：

① 000001 至 000128 是实际输出，对应 Q0.0～Q15.7。

② 010001 至 010128 是实际输入，对应 I0.0～I15.7。

③ 030001 至 030032 是模拟输入寄存器，对应 AIW0 至 AIW2。

④ 040001 至 04XXXX 是保持寄存器，对应 V 区。

MODBUS 的从站协议允许对 MODBUS 主站可访问的输入、输出、模拟输入和保持寄存器(V 区)的数量进行限定。

MBUS_INIT 指令的 MaxIQ 参数指定 MODBUS 主站允许访问的实际输入或输出 I 或 Q 的最大数量。MBUS_INIT 指令的 MaxAI 参数指定 MODBUS 主站允许访问的输入寄存器(AIW)的最大数量。MBUS_INIT 指令的 MaxHold 参数指定 MODBUS 主站允许访问的保持寄存器(V 存储区字)的最大数量。

西门子 MODBUS 主站协议库包括两条指令：MBUS_CTRL 指令和 MBUS_MSG 指令。

1. MBUS_CTRL 指令

本指令是用于 S7-200 端口 0 的 MBUS_CTRL(或用于端口 1 的 MBUS_CTRL_P1)指令，可初始化、监视或禁用 MODBUS 通讯。在使用 MBUS_MSG 指令前，必须正确执行 MBUS_CTRL 指令。指令完成后立即设定"完成"位，才能继续执行下一条指令。

MBUS_CTRL 指令在每次扫描且 EN 输入打开时执行。MBUS_CTRL 指令必须在每次扫描(包括首次扫描)时被调用，以允许监视随 MBUS_MSG 指令启动的任何突出消息的进程。除非每次调用 MBUS_CTRL，否则 MODBUS 主设备协议将不能正确运行。MBUS_CTRL 指令如图 6.53 所示。

其中各参数含义如下：

EN—— 启用指令位。

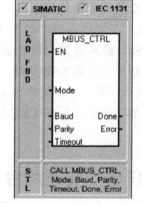

图 6.53 MBUS_CTRL 指令

Mode—— 模式参数，输入数值以选择通讯协议。

输入 1 将 CPU 端口分配给 MODBUS 协议并启用该协议。输入 0 将 CPU 端口分配给 PPI 系统协议，并禁用 MODBUS 协议。

Baud—— 波特率参数。MBUS_CTRL 指令支持 1200、2400、4800、9600、19200、38400、57600 或 115200bit/s 的波特率。

Parity—— 奇偶校验参数。奇偶校验参数设为与 MODBUS 从站奇偶校验相匹配。所有设置使用一个起始位和一个停止位。可接受的数值为：0 无奇偶校验、1 奇校验、2 偶校验。

Timeout—— 超时参数。超时参数是等待来自从站应答的毫秒时间数。超时数值可设置的范围为 1 毫秒到 32767 毫秒。典型值是 1000 毫秒。超时参数应设置得足够大，以便从站有时间对所选的波特率作出应答。

Done—— MBUS_CTRL 指令成功完成时输出为 1，否则为 0。

Error—— 错误输出代码。错误输出代码由反应执行该指令结果的特定数字构成，含义如下：0 表示无错误，1 表示奇偶校验选择无效，2 表示波特率选择无效，3 表示超时选择无效，4 表示模式选择无效。

2. MBUS_MSG(或用于端口 1 的 MBUS_MSG_P1)指令

本指令用于启动对 MODBUS 从站的请求并处理应答，如图 6.54 所示。

当 EN 输入和 First 输入都为 1 时，BUS_MSG 指令启动对 MODBUS 从站的请求。发送请求，等待应答，并处理应答，通常需要多次扫描。

EN 输入必须打开以启用发送请求，并保持打开直到"完成"位被置位。

注意，一次只能激活一条 MBUS_MSG 指令。如果启用了多条 MBUS_MSG 指令，则处理了第一条 MBUS_MSG 指令后所有 MBUS_MSG 指令将中止并产生错误代码 6。

EN——启用指令位。

First——首次参数，在发送新请求时才打开以进行一次扫描。首次输入通过一个边沿检测元素(例如上升沿)打开，这导致请求被传送一次。

图 6.54　MBUS_MSG 指令

Slave——从站参数，表示 MODBUS 从站的地址，范围为 0～247。地址 0 是广播地址，只能用于写请求。不存在对地址 0 的广播请求的应答。并非所有的从站都支持广播地址，S7-200 MODBUS 从站协议库就不支持广播地址。

RW——读写参数。读写参数指定是否要读取或写入该消息。该参数允许使用两个值：0 表示读，1 表示写。

Addr——地址参数，表示起始的 MODBUS 地址。

Count——计数参数，指定在该请求中读取或写入的数据元素的数目。计数数值是位数(对于位数据类型)或字数(对于字数据类型)，MBUS_MSG 指令将读取或写入最大 120 个字或 1920 个位(240 字节)的数据。计数的实际限值还取决于 MODBUS 从站的限制。

DataPtr——DataPtr 参数是指向 S7-200 CPU 的 V 存储器中与读取或写入请求相关的数据的间接地址指针。对于读取请求，DataPtr 应指向自 MODBUS 从站读取的数据的第一个 CPU 存储器位置。对于写入请求，DataPtr 应指向要发送到 MODBUS 从站的数据的第一个 CPU 存储器位置。

Done——完成输出，在发送请求和接收应答时关闭。完成输出在应答完成或 MBUS_MSG 指令因错误而中止时打开。

Error——错误输出，仅当完成输出打开时有效。低位编号的错误代码(1 到 8)是 MBUS_MSG 指令检测到的错误。这些错误代码通常是与 MBUS_MSG 指令的输入参数有关的问题，或接收来自从站的应答时出现的问题或奇偶校验和 CRC 错误指示存在应答但是数据未正确接收。这通常由电气故障(例如连接有问题或者电噪声)引起。MBUS_MSG 错误代码的含义如表 6.6 所示。

表 6.6　MBUS_MSG 错误代码含义表

错误代码	说　　明
0	无错误
1	应答时奇偶校验错误，仅当使用奇校验或偶校验时发生。表示传输被干扰时，收

错误代码	说　明
	到不正确的数据,该错误通常因电气故障(如错误连线或影响通讯的电噪声)引起
2	保留位,未启用
3	接收超时:在超时时间内没有来自从站的应答。可能的原因:与从站的电气连接有问题、主设备和从站设置了不同的波特率或奇偶校验、从站地址错误
4	请求参数出错:一个或多个输入参数(从站、读写、地址、计数)设置为非法值,应检查文档中输入参数的允许值
5	未启用 MODBUS 主设备:在调用 MBUS_MSG 前,每次扫描都调用 MBUS_CTRL
6	MODBUS 忙于处理另一个请求(MODBUS 一次只能激活一条 MBUS_MSG 指令)
7	应答时出错:收到的应答与请求无关,表示从站出现了某些错误,或者错误的从站应答了请求
8	应答时 CRC 错误:传输被干扰时可能收到不正确的数据,该错误通常因电气故障(如错误连线或影响通讯的电噪声)引起
101	发生从站不支持对该地址请求的功能
102	出现从站不支持的数据地址:地址加上计数所要求的范围超出了从站所允许的地址范围
103	出现从站不支持的数据类型
104	从站故障
105	从站已经接收信息但应答延迟,这是 MBUG_MSG 的错误,用户程序应在稍后重新发送请求
106	从站忙,因此拒绝消息,可以再次尝试发出相同的请求,以获得应答
107	从站因未知原因而拒绝消息
108	从站存储器奇偶校验错误,因为从站中有错误而引起

西门子 MODBUS 从站协议库包括 MBUS_INIT 指令和 MBUS_SLAVE 指令。

3. MBUS_INIT 指令

本指令用来启用和初始化或禁止 MODBUS 从站通讯。在使用 MBUS_SLAVE 指令前,必须正确执行 MBUS_INIT 指令。指令完成后立即设定"完成"位,才能继续执行下一条指令。MBUS_INIT 指令如图 6.55 所示。

其中各参数含义如下:

EN——启用指令位。

Mode——模式选择,启动或停止 MODBUS 从站通信。
Mode 参数使用两个值:1 表示启动,0 表示停止。

Addr——从站地址,MODBUS 从站地址,范围 1~
247。

Baud——波特率,可选 1200,2400,4800,9600,19200,
38400,57600,115200。

Parity——奇偶校验,0 表示无校验;1 表示奇校验;
2 表示偶校验。

Delay——延时,附加字符间延时,缺省值为 0。

MaxIQ——最大 I/Q 位,参与通信的最大 I/O 点数,
S7-200 的 I/O 映像区为 128/128,缺省值为 128 。

图 6.55　MBUS_INIT 指令

MaxAI——最大 AI 字数，参与通信的最大 AI 通道数，可为 16 或 32。

MaxHold——设定供 MODBUS 地址 4xxxx 使用的 V 存储器中的字保持寄存器数目。

HoldStart——保持寄存器区起始地址，以&VBx 指定（间接寻址方式）。

Done——初始化完成标志，初始化成功后置 1。

Error——初始化错误代码。

MBUS_INIT 指令错误代码的含义如表 6.7 所示。

表 6.7　MBUS_INIT 指令错误代码含义表

错误代码	说　明	错误代码	说　明
0	无错误	6	收到奇偶校验错误
1	内存范围错误	7	收到 CRC 错误
2	非法波特率或奇偶校验	8	非法功能请求或功能不受支持
3	从属地址非法	9	请求中的内存地址非法
4	非法 MODBUS 参数值	10	从属功能未启用
5	保持寄存器与 MODBUS 从属符号重叠		

4. MBUS_SLAVE 指令

本指令用来为 MODBUS 主设备发出的请求服务，并且必须在每次扫描时执行，以便允许该指令检查和回答 MODBUS 请求。MBUS_SLAVE 指令无输入参数，在每次扫描且 EN 输入开启时执行。该指令如图 6.56 所示。

图 6.56　MBUS_SLAVE 指令

其中各参数含义如下：

EN——启用指令位。

Done——MODBUS 执行通信时置 1，无 MODBUS 通信活动时为 0。

Error——错误代码。

MBUS_SLAVE 指令错误代码的含义如表 6.8 所示。

表 6.8　MBUS_SLAVE 指令错误代码含义表

错误代码	说　明	错误代码	说　明
0	无错误	6	收到奇偶校验错误
1	内存范围错误	7	收到 CRC 错误
2	非法波特率或奇偶校验	8	非法功能请求或功能不受支持
3	从属地址非法	9	请求中的内存地址非法
4	非法 MODBUS 参数值	10	从属功能未使能
5	保持寄存器与 MOBDUS 从属符号重叠		

三、任务实施

完成任务的步骤如下。

① 编写作为 MODBUS 从站的 S7-200 CPU 的 PLC 程序，将程序下载到从站 PLC 中。

② 编写作为 MODBUS 主站的 S7-200 CPU 的 PLC 程序，将程序下载到主站 PLC 中。

③ 用串口电缆连接 MODBUS 主从站，在 Step-7 Micro/Win 的状态表中观察 MODBUS 主站保持寄存器中的数值，并与实际数值对比。

1. 为从站分配库存储区

利用指令库编程前首先应为其分配存储区，否则 Step7-Micro/Win 在进行编译时会报错。具体方法如下：

① 执行 Step7-Micro/Win 的"文件"→"库存储区"菜单命令，打开"库存储区分配"对话框，如图 6.57 所示。

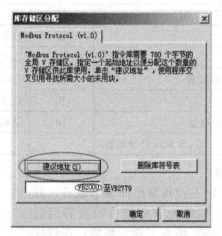

图 6.57 "库存储区分配"对话框

② 在"库存储区分配"对话框中输入库存储区的起始地址，注意避免该地址和程序中已经采用或准备采用的其它地址重合。

③ 单击"建议地址"按钮，系统将自动计算存储区的截止地址。

④ 单击"确定"按钮确认分配，关闭对话框。

2. 从站组态说明

根据要求，从站要响应主站报文，故需编写主程序。主程序由以下两个网络构成，说明如下。

① 网络 1 用于初始化 MODBUS 从站，即将从站地址设为 1，将端口 0 的波特率设为 9600、无校验、无延迟，允许存取所有的 I、Q 和 AI 数值，保存寄存器的存储空间设置为从 VB0 开始的 1000 个字（2000 个字节）。如图 6.58 所示。

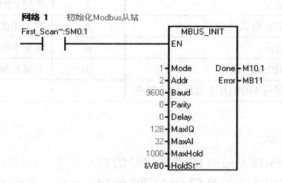

图 6.58 初始化 MODBUS 从站

② 网络 2 用于在每次扫描时执行 MBUS_SLAVE。

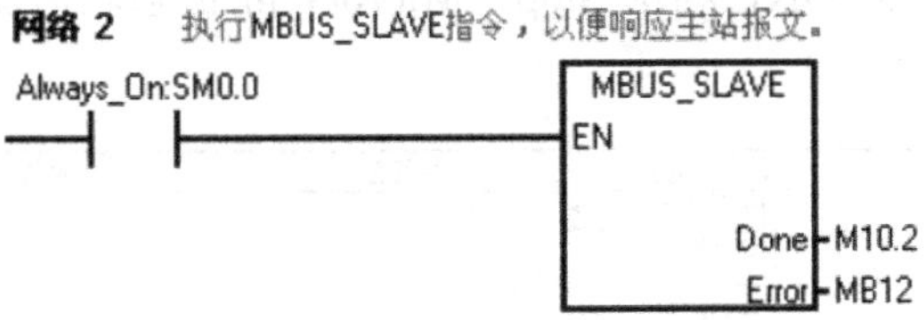

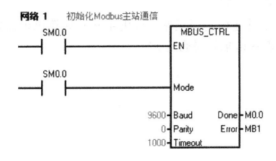

图 6.59　执行 MBUS_SLAVE 指令

3. 为主站分配库存储区

与从站分配库存储区类似。

4. 主站组态说明

对 MODBUS 主站也需要编写主程序，主程序也由两个网络构成。

① 图 6.60 所示的网络 1 用于每次扫描时调用 MBUS_CTRL 指令来初始化和监视 MODBUS 主站设备。MODBUS 主设备设置为 9600 波特，无奇偶校验，允许从站 1000 毫秒（1 秒）的应答时间

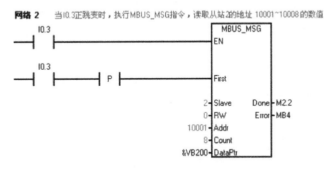

图 6.60　执行 MBUS_CTRL 指令

② 图 6.61 所示的网络 2 实现在 I0.3 正跳变时执行 MBUS_MSG 指令，读取从站 2 地址 10001～10008 的数值。保持寄存器存储从 VB200 开始，长 8 个字节。根据 MODBUS 从站寻址规定，10001～10008 即为 S7-200 PLC 中 I0.1～I0.7 的 MODBUS 地址值。

网络 2　当I0.3正跳变时，执行MBUS_MSG指令，读取从站2的地址 10001~10008 的数值

```
        I0.3                          MBUS_MSG
       ──┤├──────────────────────────EN

        I0.3
       ──┤├────┤ P ├────────────────First

                              2─Slave   Done─M2.2
                              0─RW      Error─MB4
                          10001─Addr
                              8─Count
                         &VB200─DataPtr
```

图 6.61　执行 MBUS_MSG 指令

5. 进行通信测试

测试的步骤如下。

① 用串口电缆连接主从站 PLC 的端口 0。

② 将主从站 PLC 设置为 Run 状态。

③ 设置从站 I0.0～I0.7 的 MODBUS 的地址值。

④ 将主站的 I0.3 设为 ON，利用 Step7-Micro/Win 状态表监测主站中保持寄存器的数值，如图 6.62 所示。

	地址	格式	当前值	新值
1	VB200	十六进制 ▼	16#FF	
2	VB201	无符号	0	
3	VB202	无符号	0	
4	VB203	无符号	0	
5	VB204	无符号	0	

图 6.62　监测主站的状态表

从图 6.62 可知，VB200 存储的即是从站 I0.0～I0.7 MODBUS 的地址数值，此时均为 ON 状态，与这些输入点的实际状态一致。

补充说明：

① 如果 MODBUS RTU 通信失败，可分别从主从站的串口通讯测试中接受到的 16 进制的数据进行分析，这里不再详述。

② 测试 从站通信是否正常，可利用计算机上的串口通信调试软件向从站发送请求帧，查看是否能接受到正确的响应帧。

③ 测试 MODBUS 主站通信是否正常，可由主站向计算机串口发送请求帧，在计算机上用串口通信调试软件查看请求帧是否正常。

模块 *7*

PLC 与 MCGS 控制系统的设计

在进行 PLC 项目化教学时，会受制于 PLC 实训设备。例如：I/O 点数不够用，又不能进行扩展；项目化教学中要用到某些电气设备，而实训设备上没有提供，如没有行程开关，只好用一个人工手动的开关代替，导致无法流畅地进行 PLC 控制；项目实施不直观形象等。类似的问题会影响项目教学的实施和效果。在 本模块中，我们介绍用组态软件模拟项目运行的方法，使用这种方法可以很好地解决以上问题。

组态软件是指用于数据采集与过程控制的软件，它们是自动控制系统监控层一级的软件平台和开发环境，通过使用灵活的组态方式，为用户提供快速构建具有工业自动控制系统监控功能的、通用层次的软件工具。目前我国引进的组态软件有：美国的 FIX32、iFIX，德国的 WinCC 等；国产的组态软件有北京亚控公司的组态王 Kingview、北京三维力控公司的 PCAuto、北京昆仑通态公司的 MCGS 等。

在本模块中，我们采用 MCGS 组态软件，该软件提供模拟运行和联机运行两种运行方式，使用模拟运行方式教学，无需购买大量的触摸屏硬件，仅仅通过组态软件在 PC 机上模拟运行，即可满足项目教学组态监控的要求，解决教学内容依赖于实训设备的问题。

项目 1　两人抢答器 MCGS 组态监控系统

一、项目目的
用昆仑通态触摸屏 MCGS 实现对两人抢答器的监控。

二、项目分析
按 PLC 程序设计和触摸屏组态两部分设计此监控系统。抢答器监控系统所有的操作和显示都在触摸屏上实现，所以不需要设计 PLC 外部的接线电路。模拟调试结束后，把触摸屏和 PLC 通过专用数据线连接好即可。设计本任务的关键是触摸屏和 PLC 间的数据连接，地址一定要对应好。

三、项目实施

1. 输入、输出地址分配

两人抢答器的 I/O 分配如表 7.1 所示。

表 7.1　两人抢答器 I/O 地址分配表

触摸屏变量名称	PLC 地址	读/写类型	触摸屏变量名称	PLC 地址	读/写类型
甲选手按钮	M0.0	读写	甲选手小灯	Q0.0	读写
乙选手按钮	M0.1	读写	乙选手小灯	Q0.1	读写
主持人按钮	M0.2	读写			

在模块 3 中，对按钮信号分配 I 继电器，对指示灯分配 Q 继电器。PLC 中 I 寄存器的状态只受外部状态影响，不能通过指令或者触摸屏修改 I 寄存器的状态，因此触摸屏中的选手按钮，不能使用 I 继电器，所以分配 I/O 地址时，用 M 继电器代替 I 继电器，这样就可以通过触摸屏读写 PLC 数据。

2. 梯形图程序

本任务的梯形图程序，请读者思考后解决。

3. 制作触摸屏组态画面

(1) 打开软件，建立变量

① 进入MCGS网站下载中心，下载MCGS嵌入版7.7，安装软件后。打开MCGS触摸屏软件，进入MCGS嵌入版组态环境，如图7.1所示。

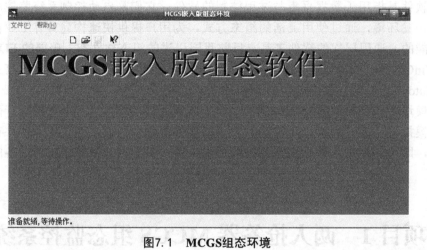

图7.1　MCGS组态环境

执行"文件"→"新建工程"菜单命令，打开"新建工程设置"对话框，如图7.2所示，接受默认的设置，单击"确定"按钮。

进入组态环境的工作台窗口，如图7.3所示。

工作台窗口用来进行组态操作和属性设置。窗口中的5个标签分别对应主控窗口、设备窗口、用户窗口、实时数据库和运行策略5个小窗口。单击某个标签，即可激活相应的软件界面，进行组态操作；工作台右侧还设有创建对象和对象组态用的功能按钮。

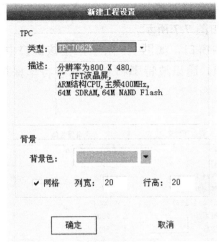

图7.2 "新建工程设置"对话框

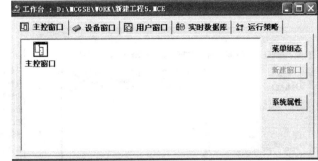

图7.3 触摸屏组态环境工作台

② 配置设备窗口：进入"设备窗口"选项卡，单击鼠标右键，出现如图7.4所示的快捷菜单，执行"设备工具箱"命令，打开图7.5所示的"设备工具箱"对话框。

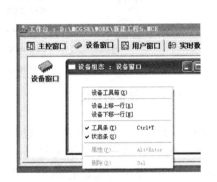

图7.4 快捷菜单

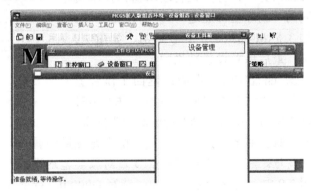

图7.5 设备工具箱

第一次使用该软件时，需要添加设备。在 PLC 中选择西门子_S7200PPI，同时选择通用串口父设备。

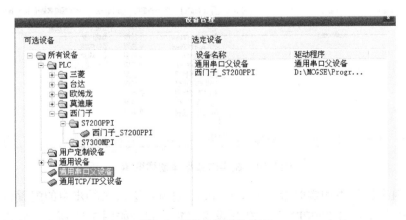

图7.6 "设备管理"窗口

多次使用后，在"设备工具箱"对话框中，可直接选择"通用串口父设备"和"西门子_S7200PPI"，把它们添加到"设备组态"窗口中，如图7.7所示。

双击"通用串口父设备"，打开通用串口设备属性窗口，如图7.8所示，在该窗口中，将串口端口号改为COM1，将数据校验方式改为偶校验，通讯波特率和PLC的波特率保持一致。

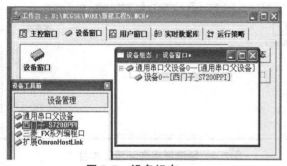

图 7.7　设备组态

设备属性名	设备属性值
设备名称	通用串口父设备0
设备注释	通用串口父设备
初始工作状态	1 — 启动
最小采集周期(ms)	1000
串口端口号(1~255)	0 — COM1
通讯波特率	6 — 9600
数据位位数	1 — 8位
停止位位数	0 — 1位
数据校验方式	2 — 偶校验

图 7.8　通用串口设备属性

单击"设备0—[西门子_S7200PPI]"，打开设备编辑窗口，单击右侧的"删除全部通道"，然后根据表7.1增加3个M通道、2个Q通道，如图7.9所示。最后保存设置结果。

③ 配置实时数据库：返回工作台窗口，单击"实时数据库"标签，进入实时数据库窗口，单击右侧"新增对象"按钮，

图7.9　设备编辑窗口

打开"数据对象属性设置"对话框设置变量的属性，如图7.10所示。根据表7.1配置所有数据变量。注意，本项目中的变量对象类型均设为开关型。另一种建立变量的方法是，单击图7.9中"连接变量"列和"读写Q000.0"行交叉空白处，打开对话框进行建立，此法更便捷。

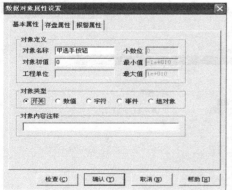

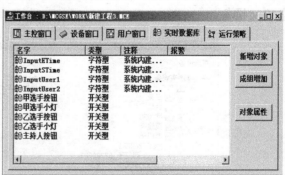

图7.10　在实时数据库创建变量

④ 连接组态软件中的实时数据变量和PLC通道：进入第②步中的配置设备窗口，单击"设备0—[西门子_S7200PPI]"，打开设备编辑窗口，如图7.11所示，双击需要进行连接通道的连接变量栏，在打开的窗口中查找连接对象后，双击该对象完成连接。根据表7.1

208　PLC 控制系统应用与维护（第2版）

把所有实时数据变量与 PLC 通道连接，如 Q000.0 连接甲选手小灯变量，这一步非常关键，组态画面使用的是实时数据库里的变量(如"甲选手按钮""乙选手小灯"等)，而 PLC 编程使用的是 PLC 变量(如 M0.0、Q0.1 等)，用触摸屏监控 PLC，必须把组态软件中的数据库里的变量和 PLC 变量连接起来。

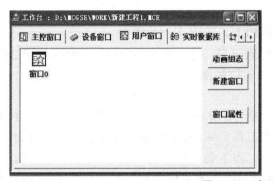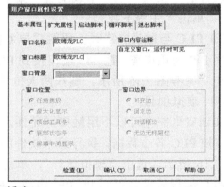

图7.11　组态软件实时数据库里的变量与PLC变量连接图

(2) 在用户窗口中绘制监控画面，并进行设置

① 新建用户窗口：返回工作台窗口，在工作台中激活用户窗口，单击"新建窗口"按钮，建立新画面"窗口0"，如图7.12所示。单击"窗口属性"按钮，进入"用户窗口属性设置"对话框，在"基本属性"页，将"窗口名称"设置为"欧姆龙PLC"，如图7.12所示，单击"确认"按钮，保存设置。

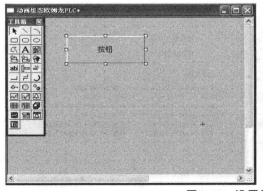

图 7.12　窗口新建

② 设置按钮：在用户窗口，双击主窗口，进入"动画组态欧姆龙PLC"窗口。单击菜单栏 ，打开"工具箱"。在工具箱中，选用标准按钮，设置按钮的操作属性，按1松0，并对应各自变量，如图7.13所示。

图7.13　设置按钮属性

③ 设置指示灯：从元件库中选择指示灯，设置指示灯时，选择填充不同的颜色。在本项目中，当"甲选手小灯"为0时，指示灯填充色为红色；"甲选手小灯"为1时，指示灯填充色为绿色，如图7.14所示。

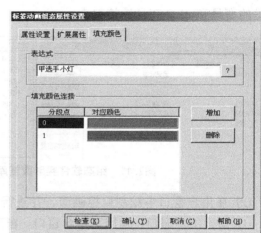

图7.14 设置指示灯属性

④ 将组态画面及相关数据下载到触摸屏：用USB线连接计算机和触摸屏硬件，执行组态软件的"工具"→"下载配置"菜单命令，出现对话框，设置"连机运行"为"USB通讯"，单击"工程下载"。

(3) PLC与触摸屏连线，用触摸屏监控PLC，实现2人抢答器

用PPI通讯电缆，把485端口接到PLC通讯口，另一端接到触摸屏，触摸屏用24V直流供电。参考图7.15所示，制作两人抢答器监控画面。

(4) 虚拟项目

实训室里完全可以不用触摸屏硬件，直接用计算机上的组态软件模拟运行，与PLC通信，监控PLC各个数据。执行组态软件的"工具"→"下载配置"菜单命令，出现对话框，如图7.16所示，选中"模拟运行"，单击"工程下载"和"启动运行"按钮。注意组态软件、PLC编程软件都用到PC/PPI电缆，串口共用，下载程序与组态监控时关闭PLC编程软件。这样模拟的组态画面，就可以与PLC进行数据发送与接收。

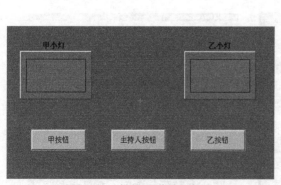

图7.15 触摸屏监控画面

图7.16 下载配置图

使用计算机上的组态软件，单击鼠标后，数据要传给 PLC，PLC 执行完程序后，才能将结果返回计算机，因此有较大延时。

使用组态软件，学生自己做控制对象，自己编程序，有很大的趣味性，同时也能进一步掌握 MCGS 软件的应用。

四、项目拓展

① 设计带显示选手号的两人抢答器：在本项目的基础上，在组态中增添显示选手号的数码管（可以由七个矩形小灯搭建而成），选手抢到抢答权后，对应小灯亮，并且显示该选手号。

② 设计四人抢答器，系统包括抢答选手号数码管显示，另外给主持人设置复位按钮。主持人未按开始按钮就抢答，抢答选手的选手号闪烁显示，犯规指示灯亮；如果问题难度较大，主持人按开始按钮后，如果在一定时间内没有人抢答，超时指示灯亮，这时主持人可以按复位按钮，恢复按开始按钮前的状态。

项目 2　十字路口交通信号灯控制系统触摸屏监控

一、项目目的

用昆仑通态触摸屏 MCGS 实现对十字路口信号灯的监控。

二、项目分析

按 PLC 程序和触摸屏组态两部分设计此监控系统。信号灯监控系统所有的操作和显示都在触摸屏上实现，所以不需要设计 PLC 外部的接线电路，为了形象直观，在组态软件中组态十字路口的画面。本项目主要练习交通信号灯的监控和倒计时数码管的监控。

三、项目实施

根据项目的功能组成，把本项目分成 2 个任务实施，任务 1 主要完成十字路口交通控制系统的信号灯的监控，任务 2 在完成任务 1 的基础上，增加倒计时数码管显示功能，通过组态软件制作十字路口监控画面，实现过程的监控。

任务 1　十字路口信号灯监控系统

一、任务目的

在十字路口交通信号灯监控系统中，用昆仑通态触摸屏实现对系统的监控。东西南北4 个方向中，每个方向都有红、黄、绿 3 个信号灯。

二、任务分析

将之前完成的实训台上的 PLC 控制十字路口信号灯，改为用触摸屏与 PLC 实现十字路口信号灯控制，为了提高任务的趣味性，增加可以移动的小车。

三、任务实施

1. 输入、输出地址分配

I/O 分配如表 7.2 所示。

表 7.2　十字路口交通信号灯监控系统 I/O 地址分配表

名称	PLC 地址	读/写类型	名称	PLC 地址	读/写类型
启动开关	M0.0	读写	南北红灯	M0.4	读写
东西红灯	M0.1	读写	南北绿灯	M0.5	读写
东西绿灯	M0.2	读写	南北黄灯	M0.6	读写
东西黄灯	M0.3	读写			

2. 控制系统程序

控制系统的梯形图程序，请读者思考后自行设计。

3. 触摸屏组态画面制作步骤

(1) 设置实时数据库中的变量

如图 7.17 所示，设置实时数据库中的变量。

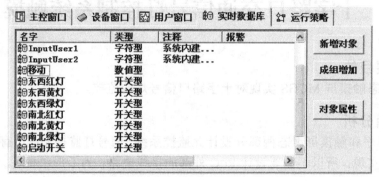

图7.17　实时数据库中的变量

在设备窗口里进入如图 7.18 所示的设备编辑窗口，将新加的组态变量与 PLC 变量相关联。

图 7.18　组态变量与 PLC 变量关联

(2) 用户窗口的制作

在动态组态窗口制作十字路口信号灯控制画面，如图 7.19 所示。

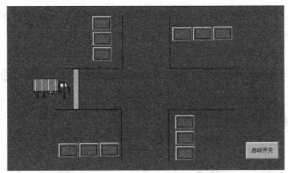

图7.19 用户窗口画面制作

组态画面中,有四组灯,南北两组信号灯设置一样,东西两组信号灯设置一样,动画连接都选用填充颜色,参考图7.20所示。

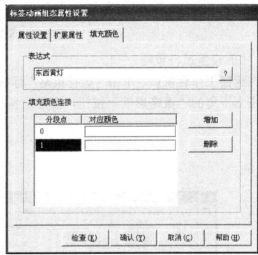

图7.20 各个灯的属性设置

启动开关的设置采用开关,用"取反"来表示,按一下相当于开关闭合,再按一下相当于开关断开,如图7.21所示。

图7.21 启动开关属性设置

在"查看"菜单中找到"绘图工具箱",再找到"插入元件",选定一个小车,双击小车,将其属性设置为水平移动,与数值量"移动"进行关联,"移动"为数值量,如图7.22所示。

图7.22　设置小车的属性

(3) 设置运行策略

返回工作台窗口,单击"运行策略"标签,进入"运行策略"选项卡,如图7.23所示,双击右下角的"策略属性"按钮,在弹出窗口中将循环时间由60000ms,改为100ms。

图7.23　修改策略属性时间

双击"循环策略"打开循环策略窗口,如图7.24所示,右键单击左上角图标,新增策略行。在窗口空白处单击右键,打开快捷菜单,单击"策略工具箱"。

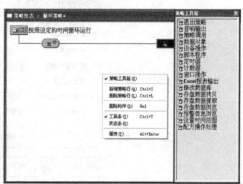

图7.24　循环策略组态

选中新增策略行的最后一个空白框，双击策略工具箱中的"脚本程序"，打开脚本程序编辑窗口，如图 7.26 所示。在编写脚本程序时，最基本指令可以通过单击右下角的"指令"按钮选择，所用变量可以从右侧"数据对象"中选取，对于复杂的程序，还可能用到系统函数，可以从右侧"系统函数"中选取。

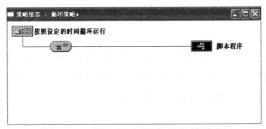

图7.25　增加脚本程序后的策略行

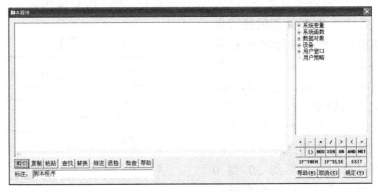

图7.26　脚本程序编辑窗口

在脚本程序编辑窗口内输入程序，如图 7.27 所示，单击窗口左下角的"检查"按钮，通过检查后，单击"确定"按钮，保存编写的脚本程序。

执行组态软件的"工具"→"下载配置"菜单命令，出现"下载配置"对话框，如图7.28 所示，选中"模拟运行"，单击"工程下载"和"启动运行"按钮。

图7.27　编写脚本程序

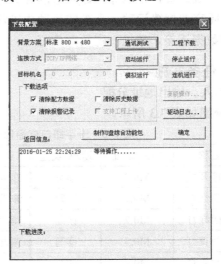

图7.28　模拟运行

不必使用 MCGS 触摸屏，用电脑组态画面就能监控 PLC 中程序的运行，并且在东西绿灯亮的同时，小车就能做水平移动。

任务 2　数码管倒计时十字路口信号灯

一、任务目的

在十字路口交通信号灯监控系统中，用昆仑通态触摸屏实现对系统的监控。东西南北4 个方向中，每个方向都有红、黄、绿 3 个信号灯，红、黄、绿信号灯工作的时序，如图7.29 所示，当红灯亮的时候，用两个数码管分别显示倒计时时间。

二、任务分析

按 PLC 程序设计和触摸屏组态两部分设计此监控系统，所有操作和显示都在触摸屏上实现，所以不需要设计 PLC 外部的接线电路，模拟调试结束后，把触摸屏和 PLC 通过专用数据线连接好即可。东、西方向和南、北方向的控制完全相同，设计时，东、西方向和南、北方向的指示灯和数码管设置完全相同。设计 PLC 程序时，时间可以采用如下步骤显示：首先得到倒计时的时间值，如南北红灯亮时，要得到 30 到 0范围内每隔 1 秒数据值减 1 的一个数据；其次要把这个数据转换成十位和个位的 2位 BCD 码，最后把 2 位 BCD 码经译码送数码管显示。设计触摸屏组态时，画面主要包括 1 个启停开关、4 个方向各 3 个指示灯和 2 位数码管，指示灯和数码管的亮灭通过填充颜色来实现，另外在每个方向上制作

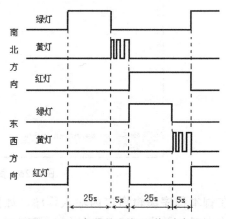

图 7.29　交通信号灯工作时序图

小车，按照交通规律运动，小车的运动由循环策略来实现。设计本任务的关键是触摸屏和PLC 间的数据连接，地址一定要对应好。

三、任务实施

1. 输入、输出地址分配

I/O 分配如表 7.3 所示。

表 7.3　十字路口交通信号灯监控系统地址分配表

名称	PLC 地址	读/写类型	名称	PLC 地址	读/写类型
启停开关	M0.0	读写	东西方向个位数码管	MB1	读写
东西红灯	M0.1	读写	东西方向十位数码管	MB2	读写
东西绿灯	M0.2	读写	南北方向个位数码管	MB3	读写
东西黄灯	M0.3	读写	南北方向十位数码管	MB4	读写
南北红灯	M0.4	读写	南北黄灯	M0.6	读写
南北绿灯	M0.5	读写			

2. 控制系统程序

控制系统的梯形图程序，请读者思考后自行设计。

3. 触摸屏组态画面制作步骤

(1) 设置实时数据库中的变量

在实时数据库里新增对象，如表 7.4 所示。

表 7.4　十字路口交通信号灯监控系统触摸屏实时数据库中建立的对象

序号	对象名称	对象类型	序号	数据名称	对象名称	对象类型
1	东西红灯	开关型	10～16	南北个位数码管	a11、b11、c11、d11、e11、f11、g11	
2	东西黄灯	开关型				
3	东西绿灯	开关型	17～23	南北十位数码管	a12、b12、c12、d12、e12、f12、g12	
4	南北红灯	开关型				
5	南北黄灯	开关型	24～30	东西个位数码管	a21、b21、c21、d21、e21、f21、g21	开关型
6	南北绿灯	开关型				
7	启停按钮	开关型	31～37	东西十位数码管	a22、b22、c22、d22、e22、f22、g22	
8	东西车	数值型				
9	南北车	数值型				

(2) 设置用户窗口

① 新建用户窗口：在用户窗口中新建一个窗口，设置窗口名称为"主窗口"。

② 设置启停按钮：设置启停按钮的操作属性，按下时取反，对应变量"启停按钮"。

③ 设置指示灯：先设置南方向的 3 个指示灯，然后把它们复制粘贴在北方向上，再设置东方向的 3 个指示灯，复制粘贴在西方向上。设置每个指示灯的颜色属性，使它们在不亮时显示灰色，亮时分别显示各自的颜色，并且对应各自的开关变量。如南北方向的红灯连接"南北红灯"，填充颜色窗口，当连接变量为"0"时显示灰色，连接变量为"1"

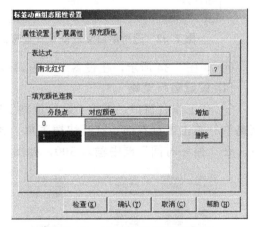

图 7.30　设置指示灯填充颜色

时显示红色，如图 7.30 所示。南、北和东、西方向的指示灯完全相同，所以可以先设置好南、东两个方向，对另两个方向，复制粘贴即可。

④ 设置 7 段数码管：用 7 个指示灯或管道等对象元件，制作成 7 段数码管的形状，每段对应各自的开关变量。设置每段的颜色属性，使它们在不亮时显示灰色，亮时分别显示亮颜色。如南北方向的个位数码管 7 段按顺序连接 a11、b11、c11、d11、e11、f11、g11，当连接变量为"0"时显示灰色，连接变量为"1"时显示红色。同信号灯制作相同，也可以通过复制粘贴简化操作。

⑤ 设置运动小车：在东西南北 4 个方向上各放置 1 个小车，在"水平移动"选项卡中，连接"东西车"和"南北车"变量。设置水平移动连接的数值大小，确定小车移动的偏移

量。如图 7.31 所示。

(3) 设置设备窗口

① 在设备窗口中添加"通用串口父设备
0-[通用串口父设备]"和"设备 0-[西门子
_S7200PPI]"。

② "通用串口父设备 0-[通用串口父设
备]"的设置如图 7.32 所示，串口端口号为
"0-COM1"，通讯波特率与 PLC 程序的波特
率相同，数据校验方式为"2-偶校验"。

③ 在设备 0-[西门子_S7200PPI]窗口，删

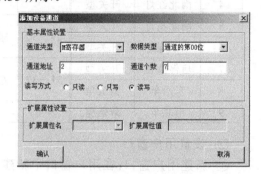

图 7.31　设置小车水平运控

除原有的设备通道，添加 M 寄存器通道，如图 7.33 所示。

设备属性名	设备属性值
设备名称	通用串口父设备0
设备注释	通用串口父设备
初始工作状态	1 - 启动
最小采集周期(ms)	1000
串口端口号(1~255)	0 - COM1
通讯波特率	6 - 9600
数据位位数	1 - 8位
停止位位数	0 - 1位
数据校验方式	2 - 偶校验

图 7.32　通用串口父设备 0 设置窗口

图 7.33　添加设备通道窗口

④ 如图 7.34 所示，在设备编辑窗口设置通道与变量的连接，然后单击"确认"按钮。

(4) 设置运行策略

① 在工作台窗口，进入"运行策略"选项卡，单击"策略属性"按钮，或者在"循环
策略"行单击鼠标右键，打开快捷菜单，执行"属性"命令，出现"策略属性设置"对话
框，在"循环时间"框中输入 300，如图 7.35 所示，单击"确认"按钮。

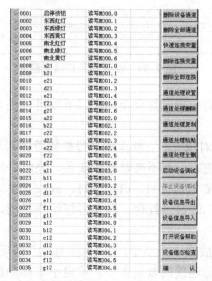

图 7.34　在设备编辑窗口中设置通道与变量的连接

图 7.35　循环"策略属性设置"对话框

② 在工作台窗口，双击"循环策略"出现"策略组态"窗口，在窗口任意空白处单击鼠标右键，打开快捷菜单，执行"新增策略行"命令，如图 7.36 所示，单击选中"策略组态"窗口右侧的蓝色方框后，双击策略工具箱的"脚本程序"，蓝色的方框位置右侧会出现脚本程序字样，双击"脚本程序"，出现脚本程序编辑窗口。

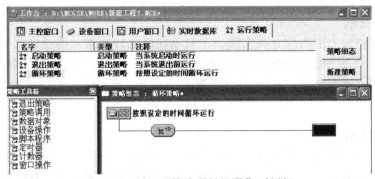

图7.36　循环"策略属性设置"对话框

在脚本程序编辑窗口中输入如下程序：

IF（东西绿灯=1）THEN

东西车=东西车+1

ENDIF

IF（南北绿灯=1）THEN

南北车=南北车+1

ENDIF

(5) 下载工程，模拟运行

过程从略。

4．操作过程

① 认识 PLC 实验台，找到本次实训所用的实验面板，并正确接线，检查无误后接通实验台电源。

② 打开计算机中的编程软件，编辑控制程序后，下载给 PLC。

③ 使用软件中的运行按钮运行程序，或者把 PLC 的运行开关拨到 RUN 状态运行程序。

④ 打开程序状态监控，观察结果，反复调试，直至满足要求。

⑤ 关闭 PLC 编程软件，打开触摸屏应用软件，按步骤组态。

⑥ 触摸屏组态工程下载，模拟运行，反复调试，直至满足要求；

⑦ 关闭试验台电源，用专用数据线连接触摸屏和 PLC，并给触摸屏接 24V 供电电源，用专用数据线把触摸屏连接到计算机。

⑧ 打开试验台电源开关，把 PLC 的运行开关拨到 RUN 状态，触摸屏组态工程下载，连机运行操作，观察结果。

四、任务拓展

在本项目任务 1 的基础上，给东西方向和南北方向各加一个数码管显示，对于东西红灯和南北红灯，在红灯亮的最后 9 秒中，用数码管显示倒计时时间，计时为零后不再显示，直到红灯下一次亮的时候再显示 9 秒倒计时。

项目3　自动往返小车控制仿真

一、项目目的

在 PLC 实训台上用限位开关实现小车自动往返比较困难，而很多项目都涉及限位开关、行程开关，借助 MCGS 中的滑动输入器，在组态中定义"左限位"和"右限位"，可以实现虚拟项目"小车自动往返"，从而丰富实训项目，提升学生编程能力，熟悉组态的制作。

二、项目分析

要实现小车自动往返，需要设置启动开关、左限位、右限位，电机正转时小车右行，电机反转时小车左行。小车初始位置在左限位处，启动开关闭合后，右行 Q0.0 为 1，离开左限位，小车保持右行，直到到达右限位开关，停止右行，左行 Q0.1 为 1，离开右限位，小车保持左行，到达左限位，循环往复。

三、项目实施

1．输入、输出地址分配

I/O 分配如表 7.5 所示。

表 7.5　自动往返小车控制系统 I/O 地址分配表

名称	PLC 地址	读/写类型	名称	PLC 地址	读/写类型
启动开关	M0.0	读写	右行	Q0.0	读写
左限位	M0.1	读写	左行	Q0.1	读写
右限位	M0.2	读写			

2．控制系统程序

控制系统的梯形图程序，请读者思考后自行设计。

3．触摸屏组态画面制作步骤

(1) 设置实时数据库中的变量

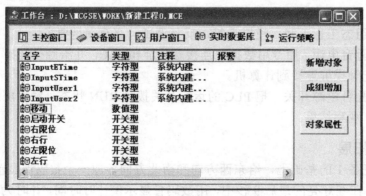

图 7.37　实时数据库中的变量

图 7.38　组态变量与 PLC 变量关联

(2) 用户窗口的制作

按图 7.39 所示，设置用户窗口。

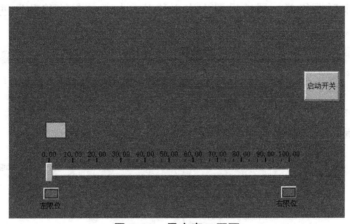

图 7.39　用户窗口画面

红色矩形框表示的滑动输入器只是个参照物，用于设定虚拟的"左限位""右限位"，按图 7.40 所示设置其属性。

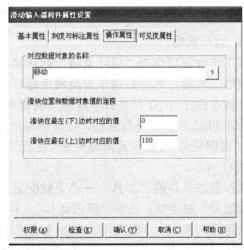

图 7.40　滑动输入器的属性设置

启动开关采用的是开关，左、右限位用一个指示灯显示当前的状态，如图 7.41 所示。

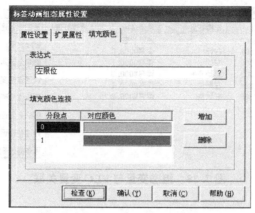

图7.41 限位开关指示灯属性设置

小车用一个矩形框代替，属性设置为水平移动，与数值量"移动"进行关联，属性设置如图 7.42 所示。

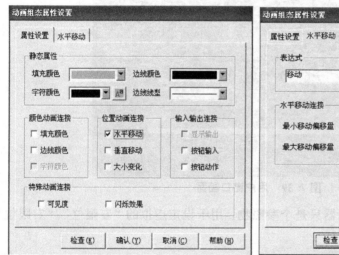

图7.42 小车的属性设置

(3) 运行策略

在工作台窗口双击"循环策略"打开循环策略窗口，右键单击策略工具箱，然后右键单击新增策略行，双击策略工具箱中的"脚本程序"，打开"脚本程序"编辑窗口。

为了 PLC 与组态进行互动，必须用程序定义组态变量"左限位""右限位"，还要设置组态变量"左行""右行"如何动作，如图 7.43 所示。

执行组态软件的"工具"→"下载配置"菜单命令，出现"下载配置"对话框，选中"模拟运行"，单击"工程下载"和"启动运行"按钮。不必使用 MCGS 触摸屏，用电脑组态画面监控 PLC 中程序的运行，小车就能做水平往返移动。

项目实施中，矩形框可能不与滑动输入器一起达到数值100，存在一定的误差。

```
IF 移动 < 5 THEN
    左限位 = 1
ELSE
    左限位 = 0
ENDIF

IF 移动 > 95 THEN
    右限位 = 1
ELSE
    右限位 = 0
ENDIF

IF 右行 = 1 THEN
    移动 = 移动 + 5
ELSE

ENDIF

IF 左行 = 1 THEN
    移动 = 移动 - 5
ELSE

ENDIF
```

图7.43 编写脚本程序

四、项目拓展

① 在本项目基础上，将启动开关变为启动按钮，增加停止按钮。控制过程：启动按钮按下，小车右行，到达右限位后左行，到达左限位后右行，如此循环。在此过程任意时刻，按下停止按钮，小车停止运动，再按下启动按钮，小车先回原点，后往返运行。

② 在本项目基础上，将启动开关变为启动按钮，增加停止按钮。控制过程：启动按钮按下，小车右行，到达右限位后左行，到达左限位后右行，如此循环。在此过程任意时刻，按下停止按钮，小车停止，再按下启动按钮，小车在原来的基础上继续运动，停止前右行，启动后继续右行；停止前左行，启动后继续左行，继续往返运行。

项目4　液体混合控制系统仿真

一、项目目的

构建液体混合控制系统，定义多个限位开关，插入多个输入框，实现较为复杂的液体混合控制。

二、项目分析

有 A、B、C 三个液体料仓，一个小车，一个混合料仓坑。控制要求：在触摸屏中的 3 个输入框中分别输入各种物料的车数，单击开始按钮后小车开始运料，先运完所有车次的 A 料，再运 B 料的所有车次，最后运 C 料，把所有液体运至料坑卸料，装 A、B、C 料以定时 5s 为标志，卸料以定时 3s 为标志，运料结束或单击停止按钮后小车回到原点结束。

三、项目实施

1. 输入、输出地址分配

I/O 分配如表 7.6 所示。

表 7.6　液体混合控制系统 I/O 地址分配表

名称	PLC 地址	读/写类型	名称	PLC 地址	读/写类型
开始按钮	M10.0	读写	右行	Q0.0	读写
A 料位	M10.1	读写	左行	Q0.1	读写
B 料位	M10.2	读写	卸料	Q0.2	读写
C 料位	M10.3	读写	装 A 料	Q0.3	读写
卸料位	M10.4	读写	装 B 料	Q0.4	读写
停止按钮	M10.5	读写	装 C 料	Q0.5	读写
A 料输入	VD200	读写	C 料输入	VD208	读写
B 料输入	VD204	读写			

2. 控制系统程序

控制系统的梯形图参考图 7.44～图 7.49。

开始时，可以先不设置输入框输入变量，直接先编写装 3 车 A 料，2 车 B 料，2 车 C 料的程序。

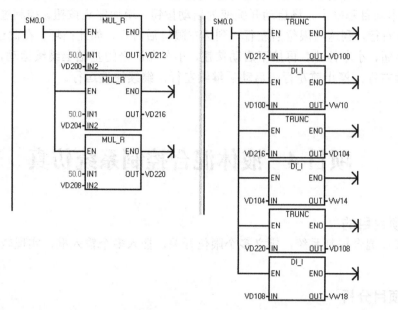

图 7.44　梯形图 a

图 7.45　梯形图 b

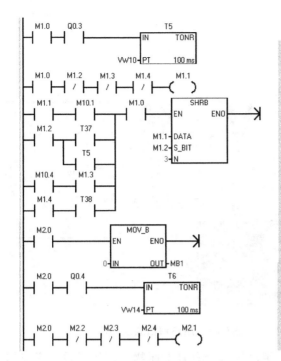

图 7.46　梯形图 c

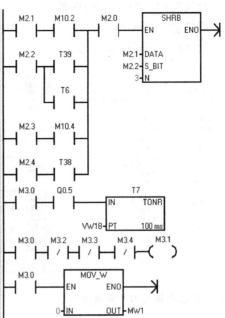

图 7.47　梯形图 d

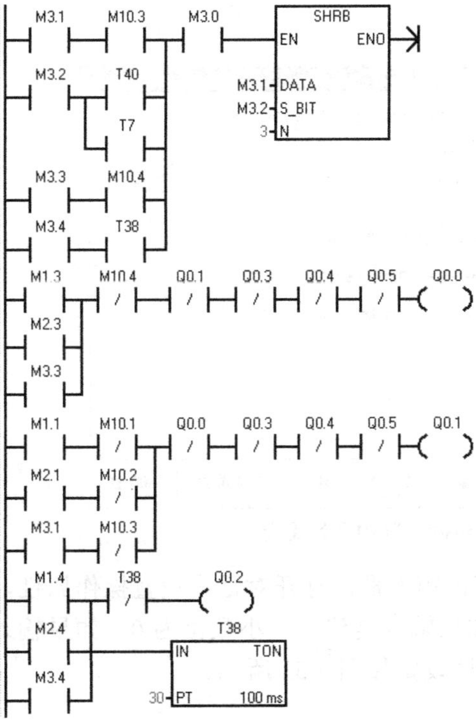

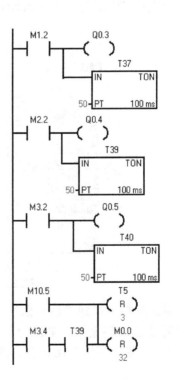

图 7.48　梯形图 e

图 7.49　梯形图 f

3. 触摸屏组态画面制作步骤

(1) 设置实时数据库中的变量

(2) 用户窗口的制作

按图 7.51 所示制作用户窗口。

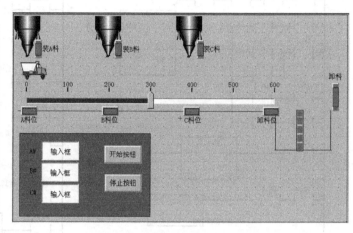

图7.50　组态变量与PLC变量关联　　　　图7.51　用户窗口画面制作

在设备工具箱中找到"滑动输入器"，滑动输入器只是参照物，方便于设定虚拟的 A 料位、B 料位、C 料位、卸料位，其中 A 料位、B 料位、C 料位、卸料位将在后续循环策略中进行定义（见图 7.56）。双击滑动输入器，打开对话框，设置其操作属性，如图 7.52 所示。

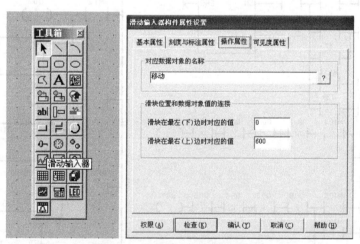

图7.52　滑动输入器的属性设置

在设备工具箱中找到"输入框"，双击矩形框，打开对话将设置操作属性，A 料输入框对应数据对象 A 料输入，单位为车，如果输入是整车，小数位为 0，如果输入时半车，小数位为 1。可见度属性不用设置，其属性设置如图 7.53 所示。

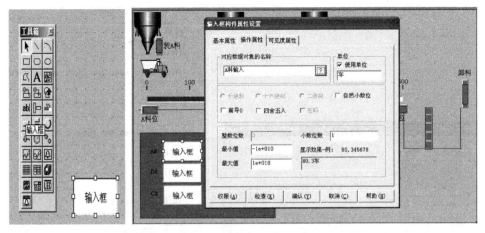

图7.53　输入框属性设置

A 料位指示灯对应 A 料位的值。装 A 料动作关联装 A 料组态变量，属性设置如图 7.54 所示。

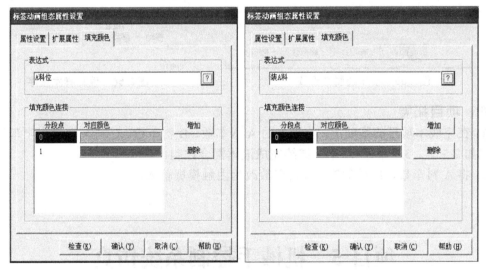

图7.54　A料位和装A料指示灯属性设置

小车的属性设置为水平移动，与数值量"移动"进行关联。

(3) 运行策略

在工作台窗口打开循环策略窗口，右键单击策略工具箱，然后右键单击新增策略行，双击策略工具箱中的"脚本程序"，打开"脚本程序"编辑窗口。

为了 PLC 与组态进行互动，必须在程序中定义组态变量"A 料位""B 料位""C 料位""卸料位"，还要设置组态变量"左行""右行"如何动作，如图 7.56 所示。

按前面的相关叙述，模拟运行。不必使用 MCGS 触摸屏，用电脑组态画面监控 PLC 中程序运行，小车就能按 A 料、B 料、C 料装料卸料，回到原点。项目实施中小车可能不和滑动输入器同步，存在一定的误差。

图7.55　小车的属性设置

```
IF 移动 < 5 THEN
    A料位 = 1
ELSE
    A料位 = 0
ENDIF

IF 移动 > 198 AND 移动 < 202 THEN
    B料位 = 1
ELSE
    B料位 = 0
ENDIF

IF 移动 > 398 AND 移动 < 402 THEN
    C料位 = 1
ELSE
    C料位 = 0
ENDIF

IF 移动 > 595 THEN
    卸料位 = 1
ELSE
    卸料位 = 0
ENDIF

IF 右行 = 1 THEN
    移动 = 移动 + 5
ELSE

ENDIF

IF 左行 = 1 THEN
    移动 = 移动 - 5
ELSE

ENDIF
```

图7.56　编写脚本程序

四、项目拓展

① 在完成本项目的基础上，将输入的 A 料车数、B 料车数、C 料车数改为半车的整数倍，比如 2.5 车、3.5 车、4.0 车，继续完成液体混合控制。

② 将 A 料车数、B 料车数、C 料车数改为由触摸屏输入。

项目 5　机械手控制系统仿真

一、项目目的

在水平移动和垂直移动方向上定义左上、左下、右上、右下四个限位开关，定义上升、下降、左行、右行四个动作，实现机械手控制仿真的单周期操作、单步操作、循环操作，锻炼编程能力。

二、项目分析

初始状态时，机械手位于最左上角位置处，上限位行程开关 SQ2、左限位行程开关 SQ4 为 ON，机械手的手抓处于放松状态，手抓电磁阀 YV1 为 OFF，称此位置为原点位置。按下启动按钮 SB1 后，下降电磁阀 YV0 得电。机械手开始自动运行。机械手先下降，至下限位行程开关 SQ1 变为 ON 时，手抓电磁阀 YV2 变为 ON，抓紧工件，延时后上升。上升到最上方，上限位行程开关 SQ2 为 ON 时，原位灯 YV5 亮，延时后转为右行。到右限位行程开关 SQ3 变为 ON，延时后变为下降。下降到最低处，行程开关 SQ1 变为 ON 时机械手的手抓松开，延时后将工件放置指定位置处。延时后重新上升，上升至上限位 SQ2，延时后左行，回到原位置处。只要机械手在原位置，则原位指示灯亮。

注意：机械手只有在最上方时才能左右移动。左右行走电磁阀和升降电磁阀是双控电磁阀，如同触发器，如升降电磁阀 YV0 为 1，YV2 为 0 时，机械手下降；YV0 为 0，YV2 为 1 时机械手上升；YV0 和 YV2 都为 0 时，保持之前的动作状态；禁止 YV0 和 YV2 都为 1 的状态。

三、项目实施

1. 输入、输出地址分配

I/O 分配如表 7.7 所示。

表 7.7　机械手控制系统 I/O 地址分配表

输　入		输　出	
M10.0	开始	Q0.0	下降电磁阀
M10.1	下限位开关	Q0.1	夹紧电磁阀
M10.2	上限位开关	Q0.2	上行电磁阀
M10.3	右限位开关	Q0.3	右行电磁阀
M10.4	左限位开关	Q0.4	左行电磁阀
M10.5	停止	Q0.5	原位指示灯

2. 控制系统程序

控制系统的梯形图程序可以采用顺序控制、计数指令、循环指令等至少三种方法实现，参考程序如图 7.57 和图 7.58 所示。

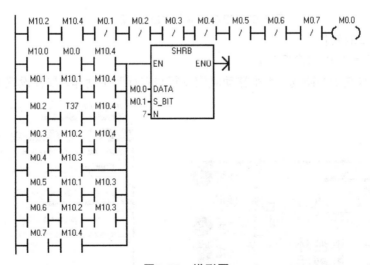

图7.57　梯形图a

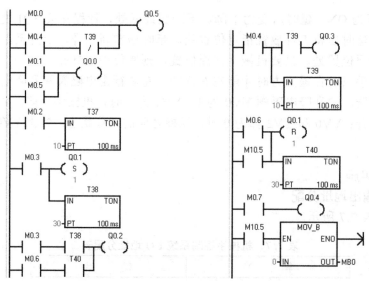

图7.58　梯形图b

3. 触摸屏组态画面制作步骤

(1) 设置实时数据库中的变量

索引	连接变量	通道名称	通道处理
0000		通讯状态	
0001	下降电磁阀	读写Q000.0	
0002	夹紧电磁阀	读写Q000.1	
0003	上升电磁阀	读写Q000.2	
0004	右行电磁阀	读写Q000.3	
0005	左行电磁阀	读写Q000.4	
0006	原位指示灯	读写Q000.5	
0007	启动	读写M010.0	
0008	sq1	读写M010.1	
0009	sq2	读写M010.2	
0010	sq3	读写M010.3	
0011	sq4	读写M010.4	
0012	停止	读写M010.5	

图 7.59　组态变量与 PLC 变量关联

(2) 用户窗口的制作

按图 7.60 所示制作用户窗口。

滑动输入器只是个参照物，水平移动对应左行与右行两个动作，属性设置如图 7.61 所示。

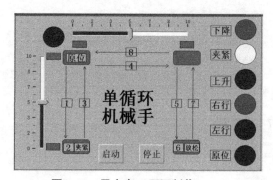

图7.60　用户窗口画面制作

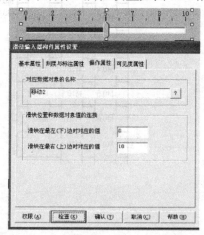

图7.61　水平移动滑动输入器的属性设置

垂直移动对应上升与下降两个动作，属性设置如图 7.62 所示。

启动与停止都采用按钮，设置为按 1 松 0，属性设置如图 7.63 所示。

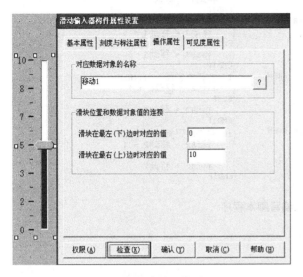
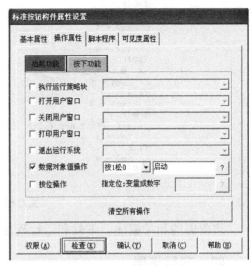

图7.62 垂直移动滑动输入器设置　　　　　　图7.63 按钮属性设置

本系统涉及多个指示灯，指示灯属性设置如图 7.64 所示。

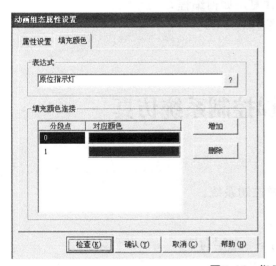

图7.64 指示灯属性设置

(3) 运行策略

打开"脚本程序"编辑窗口，编辑脚本程序，如图 7.65 所示。

```
IF  0 <=移动1 AND 移动1 <= 1 THEN        IF 下降电磁阀 = 1 THEN
   sq1 = 1                                 移动1 = 移动1 - 1
ELSE                                    ELSE
   sq1 = 0                                 移动1 = 移动1
ENDIF                                   ENDIF
IF 9 <= 移动1 AND 移动1 <= 10 THEN      IF 上升电磁阀 = 1 THEN
   sq2 = 1                                 移动1 = 移动1 + 1
ELSE                                    ELSE
   sq2 = 0 |                              移动1 = 移动1
ENDIF                                   ENDIF
IF  0 <= 移动2 AND 移动2 <= 1 THEN      IF 右行电磁阀 = 1 THEN
   sq4 = 1                                 移动2 = 移动2 + 1
ELSE                                    ELSE
   sq4 = 0                                 移动2 = 移动2
ENDIF                                   ENDIF
IF 9 <= 移动2 AND 移动2 <= 10 THEN      IF 左行电磁阀 = 1 THEN
   sq3 = 1                                 移动2 = 移动2 - 1
ELSE                                    ELSE
   sq3 = 0                                 移动2 = 移动2
ENDIF                                   ENDIF
```

图7.65　编写脚本程序

按前面的相关叙述，下载和运行程序。

四、项目拓展

① 单周期。机械手抓取一个工件，就回到原点停止，等待下一次开始。如何编程？

② 单步。机械手动作分为八步，按一次按钮，执行一步动作，如何编程？

③ 循环。机械手不停地抓取工件，循环往复，如何编程？

④ 自动切换，自动实现循环抓取，如何编程？

项目6　三层电梯控制系统仿真

一、项目目的

通过 MCGS 进行直观模拟，仿真三层电梯控制系统。

二、项目分析

电梯外呼：一层向上、二层向上、二层向下、三层向下。

电梯内呼：一层、二层、三层。

① 开关门过程中电梯不可运行。

② 电梯运动到目的楼层时自动开门，10 秒后自动关门。

③ 当有外呼时，电梯要先到达外呼的楼层，自动开门，待乘电梯的人进入后按下要到达的楼层。可按下关门键关门，也可开门后延时 10 秒自动关门，然后电梯运动。

④ 在电梯由一层运动到三层的过程中，只有二层有向上外呼时(即外呼与电梯运动的方向相同)，电梯才在二层停止，若二层有向下外呼，则应先运动到三层后再运动到二层。电梯由三层运动到一层时，用类似的方法进行处理。

三、项目实施

1. 输入、输出地址分配

I/O 分配如表 7.8 所示。

表 7.8　电梯控制系统 I/O 地址分配表

输　入			输　出		
内呼	三层	M10.0	厢位	三层	Q0.0
	二层	M10.1		二层	Q0.1
	一层	M10.2		一层	Q0.2
	开门	M11.2	内呼指示灯	三层	Q0.3
	关门	M11.3		二层	Q0.4
外呼	三层下	M10.3		一层	Q0.5
	二层下	M10.4	外呼指示灯	一层上	Q0.6
	一层上	M10.5		二层上	Q0.7
	二层上	M10.6		二层下	Q1.0
限位开关	一层限位开关	M10.7		三层下	Q1.1
	二层限位开关	M11.0	其他	开门	Q1.2
	三层限位开关	M11.1		关门	Q1.3
				上升	Q1.4
				下降	Q1.5

2. 控制系统程序

控制系统的梯形图参考程序如图 7.66～图 7.68 所示。

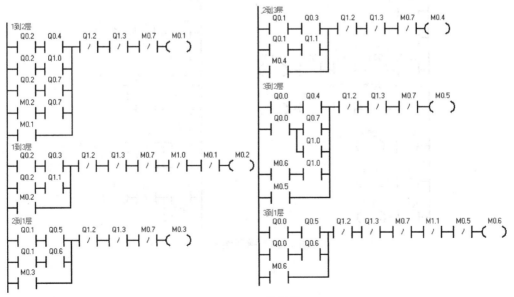

图 7.66　梯形图 a

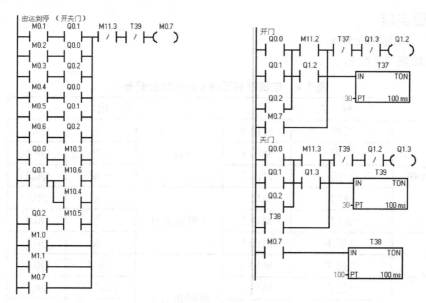

图 7.67 梯形图 b

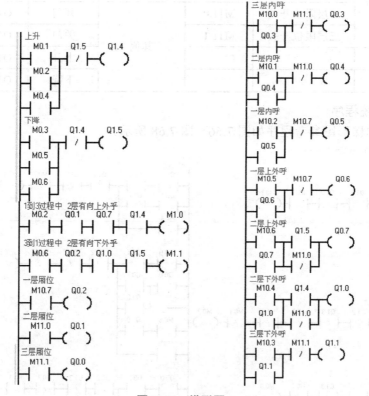

图 7.68 梯形图 c

3. 触摸屏组态画面制作步骤

(1) 设置实时数据库中的变量

索引	连接变量	通道名称	通道处理
0000		通讯状态	
0001	L3	读写Q000.0	
0002	L2	读写Q000.1	
0003	L1	读写Q000.2	
0004	SL3	读写Q000.3	
0005	SL2	读写Q000.4	
0006	SL1	读写Q000.5	
0007	UP1	读写Q000.6	
0008	UP2	读写Q000.7	
0009	DN2	读写Q001.0	
0010	DN3	读写Q001.1	
0011	开门灯	读写Q001.2	
0012	关门灯	读写Q001.3	
0013	上升	读写Q001.4	
0014	下降	读写Q001.5	
0015	s3	读写M010.0	
0016	s2	读写M010.1	
0017	s1	读写M010.2	
0018	D3	读写M010.3	
0019	D2	读写M010.4	
0020	u1	读写M010.5	
0021	u2	读写M010.6	
0022	sq1	读写M010.7	
0023	sq2	读写M011.0	
0024	sq3	读写M011.1	
0025	开门	读写M011.2	
0026	关门	读写M011.3	

图7.69 组态变量与PLC变量关联

(2) 用户窗口的制作

按图 7.70 所示制作用户窗口。

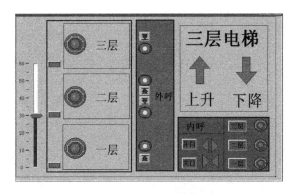

图7.70 用户窗口画面制作

(3) 运行策略

打开"脚本程序"编辑窗口，编辑脚本程序，如图 7.71 所示。

```
IF 上升 = 1 THEN               IF 58 <= 移动  AND 移动<= 60 THEN
    移动 = 移动 + 1              sq3 = 1
ELSE                           ELSE
    移动 = 移动                    sq3 = 0
ENDIF                          ENDIF

IF 下降 = 1 THEN               IF sq1 = 1 THEN
   移动 = 移动 - 1               L1 = 1
ELSE                           ELSE
    移动 = 移动                    L1 = 0
ENDIF                          ENDIF

IF 0 <=移动 AND 移动 <= 2 THEN   IF sq2 = 1 THEN
   sq1 = 1                      L2 = 1
ELSE                           ELSE
   sq1 = 0                       L2 = 0
ENDIF                          ENDIF

IF 28 <= 移动  AND 移动<=  32 THEN IF sq3 = 1 THEN
   sq2 = 1                      L3 = 1
ELSE                           ELSE
   sq2 = 0                       L3 = 0
ENDIF                          ENDIF
```

图 7.71　编写脚本程序

按前面的相关叙述，下载运行程序。

四、项目拓展

编写四层电梯系统控制 PLC 程序，MCGS 虚拟监控画面。